现行冶金行业节能标准汇编

冶金工业信息标准研究院 冶金标准化研究所 编

U0318705

北　京

冶　金　工　业　出　版　社

2013

内 容 提 要

本书汇集了现行的冶金行业节能标准共 21 项。

本书可供冶金及相关行业的科技人员、工程技术人员、质量监督检验人员使用。

图书在版编目(CIP)数据

现行冶金行业节能标准汇编/冶金工业信息标准研究院,冶金标准化研究所编 . —北京:冶金工业出版社,2013.7

ISBN 978-7-5024-6160-7

Ⅰ.①现… Ⅱ.①冶… ②冶… Ⅲ.①冶金工业—节能—国家标准—汇编—中国 Ⅳ.①TF083-65

中国版本图书馆 CIP 数据核字(2013)第 077182 号

出 版 人 谭学余
地 址 北京北河沿大街嵩祝院北巷 39 号,邮编 100009
电 话 (010)64027926 电子信箱 yjcbs@cnmip.com.cn
责任编辑 戈 兰 美术编辑 李 新 版式设计 孙跃红
责任校对 王永欣 责任印制 张祺鑫
ISBN 978-7-5024-6160-7

冶金工业出版社出版发行;各地新华书店经销;三河市双峰印刷装订有限公司印刷
2013 年 7 月第 1 版,2013 年 7 月第 1 次印刷
210mm×297mm;13.5 印张;411 千字;208 页
96.00 元

冶金工业出版社投稿电话:(010)64027932 投稿信箱:tougao@cnmip.com.cn
冶金工业出版社发行部 电话:(010)64044283 传真:(010)64027893
冶金书店 地址:北京东四西大街 46 号(100010) 电话:(010)65289081(兼传真)

(本书如有印装质量问题,本社发行部负责退换)

前　　言

　　冶金行业节能减排技术的推广和应用,促进了产品结构调整和产业升级换代,推动了行业"两型"建设。进入 21 世纪以来,冶金标准化工作配合落实国家产业政策,加快行业新技术应用和淘汰落后产能,积极开展节能标准制定工作,满足市场急需,建立和完善节能标准体系,促进了节能减排工作。

　　冶金工业信息标准研究院冶金标准化研究所和冶金工业出版社组织编辑了《现行冶金行业节能标准汇编》,本汇编中收录了到目前为止所有有效的冶金行业节能标准,为广大用户提供了大量有用信息。

　　本汇编中共收集了 21 项标准,其中 18 项管理标准,3 项方法标准。

　　鉴于本汇编收录的标准发布年代号不尽相同,汇编时对标准中所使用的计量单位、符号等未作改动。

　　本书参加编辑人员有仇金辉、王姜维、张京生。

　　本书可供冶金行业、下游行业等的科技人员、工程设计人员、质量监督检验人员使用,也可供采购、管理、国际贸易、对外交流人员使用。

编　者
2013 年 6 月

目　录

ICS 27.010

F 01

中华人民共和国国家标准

GB 21256—2007

粗钢生产主要工序单位产品
能源消耗限额

The norm of energy consumption per unit product of major procedure of crude
steel manufacturing process

2007-12-03 发布 2008-06-01 实施

中华人民共和国国家质量监督检验检疫总局
中国国家标准化管理委员会 发布

前　言

本标准的 4.1 和 4.2 是强制性的,其余是推荐性的。

本标准附录 A 为资料性附录。

本标准由国家发展和改革委员会资源节约和环境保护司、国家标准化管理委员会工业一部提出。

本标准由全国能源基础与管理标准化技术委员会归口。

本标准主要起草单位:中国钢铁工业协会、钢铁研究总院。

本标准主要起草人:张春霞、郦秀萍、陈丽云、兰德年、黄导。

粗钢生产主要工序单位产品能源消耗限额

1 范围

本标准规定了粗钢生产主要工序单位产品能源消耗(以下简称能耗)限额的技术要求、统计范围和计算方法、节能管理与措施。

本标准适用于钢铁企业进行烧结工序(不含球团)、高炉工序、转炉工序和电炉工序单位产品能耗的计算、考核,以及新建设备的能耗控制。

2 规范性引用文件

下列文件中的条款通过本标准的引用而成为本标准的条款。凡是注日期的引用文件,其随后所有的修改单(不包括勘误的内容)或修订版均不适用于本标准,然而,鼓励根据本标准达成协议的各方研究是否可使用这些文件的最新版本。凡是不注日期的引用文件,其最新版本适用于本标准。

GB 17167 用能单位能源计量器具配备和管理通则

3 术语和定义

下列术语和定义适用于本标准。

3.1

烧结工序单位产品能耗 the energy consumption per unit product of sintering procedure

报告期内,烧结工序(不含球团)每生产一吨合格烧结矿,扣除工序回收的能源量后实际消耗的各种能源总量。

3.2

高炉工序单位产品能耗 the energy consumption per unit product of blast furnace procedure

报告期内,高炉工序每生产一吨合格生铁,扣除工序回收的能源量后实际消耗的各种能源总量。

3.3

转炉工序单位产品能耗 the energy consumption per unit product of converter or BOF(Basic Oxygen Furnace)procedure

报告期内,转炉工序(不包含精炼和连铸)每生产一吨合格粗钢,扣除工序回收的能源量后实际消耗的各种能源总量。

3.4

电炉工序单位产品能耗 the energy consumption per unit product of EAF(Electric Arc Furnace)procedure

报告期内,电炉工序(不包含精炼和连铸)每生产一吨合格粗钢所消耗的各种能源总量。

4 技术要求

4.1 现有粗钢生产工序单位产品能耗限额限定值

现有钢铁企业生产过程中,烧结工序、高炉工序、转炉工序和电炉工序的单位产品能耗限额限定值应符合表1的要求。

4.2 新建粗钢生产工序单位产品能耗限额准入值

钢铁企业新建或改扩建烧结机、高炉、转炉和电炉设备时,其工序单位产品能耗限额准入值应符合表2的要求。

表 1 现有粗钢生产主要工序单位产品能耗限额限定值

工 序 名 称		单位产品能耗限额限定值/(kgce/t)
烧结工序		≤65
高炉工序		≤460
转炉工序		≤10
电炉工序	普钢电炉	≤215
	特钢电炉	≤325
注1:电力折标准煤系数采用等价值0.404kgce/(kW·h)。 注2:若原料稀土矿比例每增加10%,烧结工序能耗增加1.5kgce/t。对原料中钒钛磁铁矿用量每增加10%,高炉工序能耗增加3kgce/t。		

表 2 新建粗钢生产工序单位产品能耗限额准入值

工 序 名 称		单位产品能耗限额准入值/(kgce/t)
烧结工序		≤60
高炉工序		≤430
转炉工序		≤0
电炉工序	普钢电炉	≤190
	特钢电炉	≤300
注:电力折标准煤系数采用等价值0.404kgce/(kW·h)。		

4.3 粗钢生产工序单位产品能耗限额先进值

钢铁企业应通过节能技术改造和加强节能管理,使烧结工序、高炉工序和转炉工序单位产品能耗达到表3中的粗钢生产工序单位产品能耗限额先进值。

表 3 粗钢生产工序单位产品能耗限额先进值

工 序 名 称		单位产品能耗限额先进值/(kgce/t)
烧结工序		≤55
高炉工序		≤390
转炉工序		≤-8
电炉工序	普钢电炉	≤180
	特钢电炉	≤280
注:电力折标准煤系数采用等价值0.404kgce/(kW·h)。		

4.4 粗钢生产工序主要能源回收量先进值

4.4.1 高炉炉顶余压发电量是指高炉工序每生产一吨合格生铁、利用炉顶余压所发的电量。

4.4.2 烧结工序余热回收量是指烧结工序每生产一吨合格烧结矿回收的余热蒸汽量(或发电量)折标准煤量。

4.4.3 转炉煤气和蒸汽回收量是指转炉工序每生产一吨合格粗钢所回收的转炉煤气量和余热蒸汽量折标准煤量之和。

钢铁企业粗钢生产工序中,应配备先进的节能设备,最大限度回收工序产生的能源,使之达到表4中的粗钢生产工序主要能源回收量先进值。

表4　粗钢生产工序主要能源回收量先进值

分　类	能源回收量先进值
合格生铁高炉炉顶余压发电量/(kW·h/t)	干式：≥35 湿式：≥30
合格烧结矿烧结工序余热回收量/(kgce/t)	≥6
合格粗钢转炉煤气和蒸汽回收量/(kgce/t)	≥30
注：电力折标准煤系数采用等价值 0.404kgce/(kW·h)。	

4.5　电力折标准煤系数为当量值条件下的粗钢生产工序单位产品能耗限额参考值

当电力折标准煤系数从等价值 0.404kgce/(kW·h)改为当量值 0.1229kgce/(kW·h)时,粗钢各主要工序单位产品能耗限额限定制、限额准入值及限额先进值参考值见表5。

表5　电力折标准煤系数当量值条件下[0.1229kgce/(kW·h)]的粗钢生产工序能耗限额参考值

工　序　名　称		单位产品能耗限额限定值/(kgce/t)	单位产品能耗限额准入值/(kgce/t)	单位产品能耗限额先进值/(kgce/t)
烧结工序		≤56	≤51	≤47
高炉工序		≤446	≤417	≤380
转炉工序		≤0	≤-8	≤-20
电炉工序	普钢电炉	≤92	≤90	≤88
	特钢电炉	≤171	≤159	≤154
注：若原料稀土矿比例每增加 10％,烧结工序能耗(以标准煤计)增加 1.5kgce/t。对原料中钒钛磁铁矿用量每增加 10％,高炉工序能耗(以标准煤计)增加 3kgce/t。				

5　统计范围和计算方法

5.1　能耗统计范围及能源折标准煤系数取值原则

5.1.1　统计范围

5.1.1.1　烧结工序单位产品能耗包括生产系统(从熔剂、燃料破碎开始,经配料、原料运输、工艺过程混料、烧结机、烧结矿破碎、筛分等到成品烧结矿皮带机进入炼铁厂为止的各生产环节)、辅助生产系统(机修、化验、计量、环保等)和生产管理及调度指挥系统等消耗的能源量,扣除工序回收的能源量。不包括直接为生产服务的附属生产系统(如食堂、保健站、休息室等)消耗的能源量。

5.1.1.2　高炉工序单位产品能耗包括高炉工艺生产系统(原燃料供给、高炉本体、渣铁处理、鼓风、热风炉、煤粉喷吹等系统)、辅助生产系统(机修、化验、计量、环保等)和生产管理及调度指挥系统等消耗的能源量,扣除工序回收的能源量。不包括直接为生产服务的附属生产系统(如食堂、保健站、休息室等)消耗的能源量。

5.1.1.3　转炉工序单位产品能耗包括从铁水进厂到转炉出合格钢水为止的生产系统(铁水预处理、转炉本体、渣处理、钢包烘烤、煤气回收与处理系统等)、辅助生产系统(机修、化验、计量、环保等)和生产管理及调度指挥系统等消耗的能源量,扣除工序回收的能源量,不包括精炼、连铸(浇铸)、精整的能耗及直接为生产服务的附属生产系统(如食堂、保健站、休息室等)消耗的能源量。

5.1.1.4　电炉工序单位产品能耗包括从原料进入厂到电炉出合格钢水为止的生产系统(废钢预热和处理、原料的烘烤和干燥、电炉本体、渣处理、钢包烘烤等)、辅助生产系统(机修、化验、计量、环保等)和生产管理及高度指挥系统等消耗的能源量,不包括炉外精炼、炉外处理、铸(坯)锭、钢锭退火、精整的能耗及直接为生产服务的附属生产系统(如食堂、保健站、休息室等)消耗的能源量。

5.1.2 能源折标准煤系数取值原则

各种能源的热值以企业在报告期内实测的热值为准。没有实测条件的,采用附录 A 中该能源的平均低位发热值对应的折标准煤参考系数。

5.2 计算方法

5.2.1 烧结工序单位产品能耗的计算

烧结工序单位产品能耗按式(1)计算:

$$E_{SJ} = \frac{e_{sjz} - e_{sjh}}{P_{SJ}} \quad\cdots\cdots\cdots\cdots\cdots\cdots\cdots\cdots\cdots\cdots\cdots\cdots\cdots\cdots\cdots\cdots (1)$$

式中:

E_{SJ}——烧结工序单位产品能耗,单位为千克标准煤每吨(kgce/t);

e_{sjz}——烧结工序消耗的各种能源的折标准煤量总和,单位为千克标准煤(kgce);

e_{sjh}——烧结工序回收的能源量折标准煤量,单位为千克标准煤(kgce);

P_{SJ}——烧结工序合格烧结矿产量,单位为吨(t)。

5.2.2 高炉工序单位产品能耗的计算

高炉工序单位产品能耗应按式(2)计算:

$$E_{GL} = \frac{e_{glz} - e_{glh}}{P_{GL}} \quad\cdots\cdots\cdots\cdots\cdots\cdots\cdots\cdots\cdots\cdots\cdots\cdots\cdots\cdots\cdots\cdots (2)$$

式中:

E_{GL}——高炉工序单位产品能耗,单位为千克标准煤每吨(kgce/t);

e_{glz}——高炉工序消耗的各种能源的折标准煤量总和,单位为千克标准煤(kgce);

e_{glh}——高炉工序回收的能源量折标准煤量,单位为千克标准煤(kgce);

P_{GL}——高炉工序合格生铁产量,单位为吨(t)。

5.2.3 转炉工序单位产品能耗的计算

转炉工序单位产品能耗应按式(3)计算:

$$E_{ZL} = \frac{e_{zlz} - e_{zlh}}{P_{ZL}} \quad\cdots\cdots\cdots\cdots\cdots\cdots\cdots\cdots\cdots\cdots\cdots\cdots\cdots\cdots\cdots\cdots (3)$$

式中:

E_{ZL}——转炉工序单位产品能耗,单位为千克标准煤每吨(kgce/t);

e_{zlz}——转炉工序消耗的各种能源的折标准煤量总和,单位为千克标准煤(kgce);

e_{zlh}——转炉工序回收的能源量折标准煤量,单位为千克标准煤(kgce);

P_{ZL}——转炉工序合格粗钢产量,单位为吨(t)。

5.2.4 电炉工序单位产品能耗的计算

电炉工序单位产品能耗应按式(4)计算:

$$E_{DL} = \frac{e_{dlz}}{P_{DL}} \quad\cdots\cdots\cdots\cdots\cdots\cdots\cdots\cdots\cdots\cdots\cdots\cdots\cdots\cdots\cdots\cdots (4)$$

式中:

E_{DL}——电炉工序单位产品能耗,单位为千克标准煤每吨(kgce/t);

e_{dlz}——电炉工序消耗的各种能源的折标准煤量总和,单位为千克标准煤(kgce);

P_{DL}——电炉工序合格粗钢产量,单位为吨(t)。

6 节能管理与措施

6.1 节能基础管理

6.1.1 企业应定期对粗钢生产的几个主要工序能耗情况进行考核,并把考核指标分解落实到各基层单位,建立用能责任制度。

6.1.2 企业应按要求建立健全能耗统计体系,建立能耗计算和考核结果的文件档案,并对文件进行受控管理。

6.1.3 企业应根据 GB 17167 的要求配备能源计量器具,并建立能源计量管理制度。

6.2 节能技术管理

钢铁企业各生产工序应配备先进的节能设备,最大限度地回收工序产生的能源。

附　录　A
（资料性附录）
各种能源折标准煤参考系数

能源名称	平均低位发热量	折标准煤系数
原　煤	20908kJ/kg(5000kcal/kg)	0.7143kgce/kg
干洗精煤 （灰分10%）	29689kJ/kg(7100kcal/kg)	1.0143kgce/kg
无烟煤（湿）	25090kJ/kg(6000kcal/kg)	0.8571kgce/kg
动力煤（湿）	20908kJ/kg(5000kcal/kg)	0.7143kgce/kg
焦炭（干全焦） （灰分13.5%）	28435kJ/kg(6800kcal/kg)	0.9714kgce/kg
燃料油	41816kJ/kg(10000kcal/kg)	1.4286kgce/kg
汽　油	43070kJ/kg(10300kcal/kg)	1.4714kgce/kg
煤　油	43070kJ/kg(10300kcal/kg)	1.4714kgce/kg
柴　油	42652kJ/kg(10200kcal/kg)	1.4571kgce/kg
液化石油气	50179kJ/kg(12000kcal/kg)	1.7143kgce/kg
炼厂干气	46055kJ/kg(11000kcal/kg)	1.5714kgce/kg
油田天然气	38931kJ/m³(9310kcal/m³)	1.3300kgce/m³
气田天然气	35544kJ/m³(8500kcal/m³)	1.2143kgce/m³
液化天然气	40980kJ/kg(9800kcal/kg)	1.427kgce/kg
高炉煤气	3763kJ/m³(900kcal/m³)	0.1286kgce/kg
转炉煤气	4976kJ/m³～17160kJ/m³ (1190kcal/m³～4104kcal/m³)	0.17kgce/kg～0.59kgce/kg
焦炉煤气	16726kJ/m³～17981kJ/m³ (4000kcal/m³～4300kcal/m³)	0.5714kgce/m³～0.6143kgce/m³
重油催化裂解煤气	19235kJ/m³(4600kcal/m³)	0.6571kgce/m³
电力（等价值）	11826kJ/(kW·h) [2828kcal/(kW·h)]	0.4040kgce/(kW·h)
电力（当量值）	3600kJ/(kW·h) [860kcal/(kW·h)]	0.1229kgce/(kW·h)

注1：洗精煤或煤炭的灰分、水分每增、减1%，则热值相应要减、增约334kJ/kg。
注2：无烟煤、动力煤热值波动范围较大，推荐值为大体平均值。

ICS 27.010
F 01

中华人民共和国国家标准

GB 21341—2008

铁合金单位产品能源消耗限额

The norm of energy consumption per unit product of ferroalloy

2008-01-09 发布

2008-06-01 实施

中华人民共和国国家质量监督检验检疫总局
中国国家标准化管理委员会 　发布

前　言

本标准的 4.1 和 4.2 是强制性的,其余是推荐性的。

本标准附录 A 为资料性附录。

本标准由国家发展和改革委员会资源节约和环境保护司、国家标准化管理委员会工业标准一部提出。

本标准由全国能源基础与管理标准化技术委员会归口。

本标准主要起草单位:中国钢铁工业协会、钢铁研究总院。

本标准主要起草人:杨志忠、陈丽云、郦秀萍、张春霞、兰德年、黄导、邬生荣、王晓兰。

铁合金单位产品能源消耗限额

1 范围

本标准规定了铁合金单位产品能源消耗(以下简称能耗)限额的技术要求、统计范围和计算方法、节能管理与措施。

本标准适用于还原电炉(矿热炉)生产的硅铁、高碳锰铁(电炉锰铁)、锰硅合金、高碳铬铁和高炉生产的锰铁(高碳锰铁)合金等5个规格的大宗产品单位产品能耗限额的计算、考核,以及新建设备的能耗控制。其他铁合金产品可参照执行。

2 规范性引用文件

下列文件中的条款通过本标准的引用而成为本标准的条款。凡是注日期的引用文件,其随后所有的修改单(不包括勘误的内容)或修订版均不适用于本标准,然而,鼓励根据本标准达成协议的各方研究是否可使用这些文件的最新版本。凡是不注日期的引用文件,其最新版本适用于本标准。

GB/T 2272 硅铁

GB/T 3795 锰铁

GB/T 4008 锰硅合金

GB/T 5683 铬铁

GB 17167 用能单位能源计量器具配备和管理通则

3 术语和定义

下列术语和定义适用于本标准。

3.1

铁合金单位产品综合能耗 the comprehensive energy consumption per unit product of ferroalloy

在报告期内铁合金企业生产单位产品(1标准吨)合格铁合金所消耗的各种能源,扣除工序回收并外供的能源后实际消耗的各种能源折合标准煤总量。

3.2

铁合金单位产品冶炼电耗 smelting electricity consumption per unit product of ferroalloy

在报告期内,铁合金冶炼工序每生产单位产品(1标准吨)合格铁合金冶炼过程的耗电量,不包括原料处理、出铁、浇铸、精整等过程消耗的电量。

4 技术要求

4.1 现有铁合金生产企业单位产品能耗限额限定值

现有铁合金生产企业单位产品能耗限额指标包括单位产品冶炼电耗和单位产品综合能耗,其值应符合表1的规定。

表1 现有铁合金生产企业单位产品能耗限额限定值

合金品种	硅 铁	电炉锰铁	锰硅合金	高碳铬铁	高炉锰铁
产品规格	FeSi75-A	FeMn68C7.0	FeMn64Si18	FeCr67C6.0	FeMn68C7.0
执行国家标准	GB/T 2272	GB/T 3795	GB/T 4008	GB/T 5683	GB/T 3795

表 1(续)

合金品种	硅铁	电炉锰铁	锰硅合金	高碳铬铁	高炉锰铁
标准成分	Si75	Mn65	Mn+Si82	Cr50	Mn65
单位产品冶炼电耗限额限定值/(kW·h/t)	≤8800	≤2700	≤4400	≤3500	焦炭 1350kg/t
单位产品综合能耗限额限定值[以电当量值 0.1229kgce/(kW·h)计]/(kgce/t)	≤1980	≤790	≤1030	≤900	≤1250
单位产品综合能耗限额限定值[以电等价值 0.404kgce/(kW·h)计]/(kgce/t)	≤4600	≤1610	≤2380	≤1950	
备注 入炉矿品位	—	Mn 38%	Mn 34%	Cr₂O₃ 40%	Mn 37%
入炉矿品位每升高降低 1%，电耗限额值可降低升高值/(kW·h/t)	—	≤60	≤100	≤80 铬铁比≥2.2	焦炭 30kg/t

4.2 新建铁合金生产企业单位产品能源限额准入值

新建及改扩建的铁合金生产设备包括铁合金矿热电炉采用矮烟罩半封闭或全封闭型，容量不小于 25MV·A(中西部具有独立运行的小水电及矿产资源优势的国家确定的重点贫困地区，单台矿热电炉容量不低于 12.5MV·A)；中低碳锰铁和中低微碳铬铁等精炼电炉，可根据产品特点选择炉型，容量一般不得低于 3MV·A；锰铁高炉容积不得低于 300m³。

新建或改扩建铁合金生产企业时，铁合金单位产品能耗限额准入值指标包括单位产品冶炼电耗和单位产品综合能耗，其值应符合表 2 的规定。

表 2 新建铁合金生产企业单位产品能耗限额准入值

合金品种	硅 铁	电炉锰铁	锰硅合金	高碳铬铁	高炉锰铁
产品规格	FeSi75-A	FeMn68C7.0	FeMn64Si18	FeCr67C6.0	FeMn68C7.0
执行国家标准	GB/T 2272	GB/T 3795	GB/T 4008	GB/T 5683	GB/T 3795
标准成分	Si75	Mn65	Mn+Si82	Cr50	Mn65
单位产品冶炼电耗限额准入值/(kW·h/t)	≤8500	≤2600	≤4200	≤3200	焦炭 1320kg/t
单位产品综合能耗限额准入值[以电当量值 0.1229kgce/(kW·h)计]/(kgce/t)	≤1910	≤710	≤990	≤810	≤1220
单位产品综合能耗限额准入值[以电等价值 0.404kgce/(kW·h)计]/(kgce/t)	≤4440	≤1500	≤2260	≤1780	
备注 入炉矿品位	—	Mn 38%	Mn 34%	Cr₂O₃ 40%	Mn 37%
入炉矿品位每升高降低 1%，电耗限额值可降低升高值/(kW·h/t)	—	≤60	≤100	≤80 铬铁比≥2.2	焦炭 30kg/t

4.3 铁合金生产企业单位产品能耗限额先进值

铁合金生产企业或工序,在铁合金生产过程中应通过节能技术改造和加强节能管理,使铁合金单位产品能耗限额先进值符合表3的规定。

表3 铁合金单位产品能耗限额先进值

合金品种		硅铁	电炉锰铁	锰硅合金	高碳铬铁	高炉锰铁
产品规格		FeSi75-A	FeMn68C7.0	FeMn64Si18	FeCr67C6.0	FeMn68C7.0
执行国家标准		GB/T 2272	GB/T 3795	GB/T 4008	GB/T 5683	GB/T 3795
标准成分		Si75	Mn65	Mn+Si82	Cr50	Mn65
单位产品冶炼电耗限额先进值/(kW·h/t)		≤8300	≤2300	≤4000	≤2800	焦炭 1280kg/t
单位产品综合能耗限额先进值[以电当量值 0.1229kgce/(kW·h)计]/(kgce/t)		≤1850	≤670	≤950	≤740	≤1180
单位产品综合能耗限额先进值[以电等价值 0.404kgce/(kW·h)计]/(kgce/t)		≤4320	≤1360	≤2150	≤1600	
备注	入炉矿品位	—	Mn 38%	Mn 34%	Cr₂O₃ 40%	Mn 37%
	入炉矿品位每升高降低 1%,电耗限额值可降低升高值/(kW·h/t)	—	≤60	≤100	≤80 铬铁比≥2.2	焦炭 30kg/t

4.4 铁合金生产主要能源回收量先进值

铁合金产品生产过程中,应配备先进的节能设备,最大限度回收产生的能源,使回收的能源量达到规定的先进值:

 a) 封闭电炉煤气有效回收利用率≥80%;

 b) 锰铁高炉煤气回收利用率≥96%。

5 统计范围和计算方法

5.1 统计范围及能源折算系数取值原则
5.1.1 统计范围

 a) 铁合金单位产品综合能耗统计范围

矿热炉生产铁合金企业能耗应包括用于加热炉料,维持正常炉况耗用的冶炼电力能源消耗,用于还原矿石所需的碳质还原剂(冶金焦丁或气煤半焦焦粒)消耗,以及生产加工过程中的原料准备、输送、冶炼、合金浇注、精整及物料与合金运输的动力耗能,扣除回收并外供的二次能源(如,煤气等)量。

产品产量以精整后的按标准成分要求入库的成品量计。

 b) 铁合金单位产品冶炼电耗统计范围

冶炼电耗统计以变压器高压侧的电表计量值为准。铁合金冶炼过程的耗电量,不包括生产时的烘炉电、洗炉电、动力电、照明电等。

产品产量以精整后的按标准成分要求入库的成品量计。

5.1.2 能源折算系数取值原则

各种能源的热值以企业在报告期的实测热值为准。没有实测条件的,采用附录 A 中各种折标准煤参考系数。

5.2 计算方法

5.2.1 铁合金单位产品综合能耗

铁合金单位产品综合能耗按式(1)计算：

$$E_{THJ} = \frac{e_{yd} + e_{th} + e_{dl} - e_{yr}}{P_{THJ}} \quad \cdots\cdots\cdots\cdots\cdots\cdots\cdots\cdots\cdots\cdots \quad (1)$$

式中：

E_{THJ}——铁合金产品单位综合能耗，单位为千克标准煤每标准吨(kgce/t)；

e_{yd}——铁合金生产的冶炼电力能源耗用量，单位为千克标准煤(kgce)；

e_{th}——铁合金生产的碳质还原剂耗用量，单位为千克标准煤(kgce)；

e_{dl}——铁合金生产过程中的动力能源耗用量，单位为千克标准煤(kgce)；

e_{yr}——二次能源回收并外供量，单位为千克标准煤(kgce)；

P_{THJ}——合格铁合金产量，单位为标准吨(t)。

5.2.2 铁合金单位产品冶炼电耗

铁合金单位产品冶炼电耗按式(2)计算：

$$D_{THJ} = \frac{d_{yl} \times 10000}{P_{THJ}} \quad \cdots\cdots\cdots\cdots\cdots\cdots\cdots\cdots\cdots\cdots\cdots \quad (2)$$

式中：

D_{THJ}——铁合金单位产品冶炼电耗，单位为千瓦时每吨(kW·h/t)；

d_{yl}——铁合金冶炼电耗，单位为万千瓦时(10^4 kW·h)；

P_{THJ}——合格铁合金产量，单位为标准吨(t)。

6 节能管理与措施

6.1 企业应定期对铁合金生产的能耗情况进行考核，并把考核指标分解落实到各基层部门，建立用能责任制度。

6.2 企业应按要求建立能耗统计体系，建立能耗计算和考核结果的文件档案，并对文件进行受控管理。

6.3 企业应根据 GB 17167 的要求配备能源计量器具并建立能源计量管理制度。

6.4 新建或改扩建的铬、锰系铁合金矿热炉，原则上应建设封闭型电炉。产生的煤气应予以回收并合理利用。

附 录 A
（资料性附录）
主要能源折标准煤参考系数

能源名称	平均低位发热量	折标准煤系数
无烟煤（湿）	25090kJ/kg	0.8571kgce/kg
动力煤（湿）	20908kJ/kg	0.7143kgce/kg
焦炭（干全焦） （灰分 13.5%）	28435kJ/kg	0.9714kgce/kg
$100m^3 \sim 255m^3$ 锰铁高炉用焦炭 （炼铁高炉的筛下焦）	$0.95 \times 28435kJ/kg$	$0.95 \times 0.9740kgce/kg$
矿热炉用焦丁	$0.90 \times 28435kJ/kg$	$0.90 \times 0.9714kgce/kg$
硅铁生产用半焦焦丁	$0.75 \times 28435kJ/kg$	$0.75 \times 0.9714kgce/kg$
锰铁高炉煤气	$4100kJ/m^3 \sim 4300kJ/m^3$	$0.1401kgce/m^3 \sim 0.1470kgce/m^3$
封闭电炉煤气	$4000kJ/m^3 \sim 5000kJ/m^3$	$0.1367kgce/m^3 \sim 0.1709kgce/m^3$
燃料油	41816kJ/kg	1.4286kgce/kg
电力（当量值）	3600kJ/(kW·h)	0.1229kgce/(kW·h)
电力（等价值）	—	0.4040kgce/(kW·h)

ICS 27.010

F 01

中华人民共和国国家标准

GB 21342—2008

焦炭单位产品能源消耗限额

The norm of energy consumption per unit product of coke

2008-01-09 发布

2008-06-01 实施

中华人民共和国国家质量监督检验检疫总局
中国国家标准化管理委员会   发布

前　言

本标准的 4.1 和 4.2 是强制性的,其余是推荐性的。

本标准附录 A 为资料性附录。

本标准由国家发展和改革委员会资源节约和环境保护司、国家标准化管理委员会工业标准一部提出。

本标准出全国能源基础与管理标准化技术委员会归口。

本标准主要起草单位:中国钢铁工业协会、钢铁研究总院。

本标准主要起草人:陈丽云、张春霞、郦秀萍、兰德年、黄导。

焦炭单位产品能源消耗限额

1 范围

本标准规定了焦炭单位产品能源消耗(以下简称能耗)限额的技术要求、统计范围和计算方法、节能管理与措施。

本标准适用于焦炭单位产品能耗的计算、考核以及新建装置的能耗控制。

2 规范性引用文件

下列文件中的条款通过本标准的引用而成为本标准的条款。凡是注日期的引用文件,其随后所有的修改单(不包括勘误的内容)或修订版均不适用于本标准,然而,鼓励根据本标准达成协议的各方研究是否可使用这些文件的最新版本。凡是不注日期的引用文件,其最新版本适用于本标准。

GB 17167　用能单位能源计量器具配备和管理通则

3 术语和定义

下列术语和定义适用于本标准。

3.1

焦炭单位产品综合能耗[1)]　the comprehensive energy consumption per unit product of coke

在报告期内炼焦工序生产单位合格焦炭所消耗的各种能源,扣除回收能源量后实际消耗的各能源折合标准煤总量。

4 技术要求

4.1 现有焦炭生产装置单位产品能耗限额限定值

当电力折标准煤系数采用等价值时,现有焦炭生产企业或工序的焦炭单位产品综合能耗应不大于165kgce/t。

4.2 新建焦炭生产装置单位产品能耗限额准入值

当电力折标准煤系数采用等价值时,新建或改扩建焦炭生产设备焦炭单位产品综合能耗应不大于135kgce/t,如使用捣固焦,焦炭单位产品综合能耗应不大于140kgce/t。

4.3 焦炭生产装置单位产品能耗限额先进值

当电力折标准煤系数采用等价值时,焦炭生产企业或工序应通过节能技术改造和加强节能管理,达到焦炭单位产品能耗限额先进值,其值为焦炭单位产品综合能耗不大于125kgce/t。

4.4 焦炭生产主要二次能源利用先进值

焦炭生产工序主要二次能源指标为干熄焦蒸汽回收量。

干熄焦蒸汽回收量是指每生产单位合格焦炭利用干熄焦装置回收的蒸汽量。

焦炭生产企业或工序应配备先进的节能设备,最大限度回收产生的能源,使干熄焦蒸汽回收量不小于60kgce/t。

4.5 电力折标准煤系数按当量值时的焦炭单位产品能耗限额参考值

当电力折标准煤系数从等价值0.404kgce/(kW·h)改为当量值0.1229kgce/(kW·h)时,焦炭单位产品综合能耗限额限定值、限额准入值和限额先进值的参考值见表1。

---

1)此处"焦炭单位产品能耗"等同于钢铁企业的"焦化工序能耗"。

表 1 电力折算标准煤系数为当量值时焦炭单位产品能耗限额参考值

单位产品综合能耗限额 限定值/(kgce/t)	单位产品综合能耗限额 准入值/(kgce/t)	单位产品综合能耗限额 先进值/(kgce/t)
155	125(若使用捣固焦,为130)	115

5 统计范围和计算方法

5.1 能耗统计范围及能源折标准煤系数取值原则

5.1.1 统计范围

备煤(不包括洗煤)、炼焦和煤气净化工段的能耗扣除自身回收利用和外供的能源量,不包括精制。备煤工段包括贮煤、粉碎、配煤及系统除尘;炼焦工段包括炼焦、熄焦、筛运焦、装煤除尘、出焦除尘和筛运焦除尘;煤气净化工段内容包括冷凝鼓风、脱硫、脱氰、脱氨、脱苯、脱萘等工序和酚氰污水处理;干熄焦产出只计蒸汽,不含发电。

5.1.2 能源折标准煤系数取值原则

各种能源的热值以标准煤计。各种能源等价热值以企业在报告期内实测的热值为准。没有实测条件的,采用附录 A 中各种能源折标准煤参考系数。

5.2 计算方法

焦炭单位产品综合能耗应按以下公式计算:

$$E_{JT} = \frac{e_{yl} + e_{jg} - e_{cp} - e_{yr}}{P_{JT}}$$

式中:

E_{JT}——焦炭单位产品综合能耗,单位为千克标准煤每吨(kgce/t);

e_{yl}——原料煤量,单位为千克标准煤(kgce);

e_{jg}——加工能耗量,是指炼焦生产所用焦炉煤气、高炉煤气、水、电、蒸汽、压缩空气等能源,单位为千克标准煤(kgce);

e_{cp}——焦化产品外供量,是指供外厂(车间)的焦炭、焦炉煤气、粗焦油、粗苯等的数量,单位为千克标准煤(kgce);

e_{yr}——余热回收量,如干熄焦工序回收的蒸汽数量等,单位为千克标准煤(kgce);

P_{JT}——焦炭产量,单位为吨(t)。

6 节能管理与措施

6.1 节能基础管理

6.1.1 企业应定期对焦炭生产的能耗情况进行考核,并把考核指标分解落实到各基层部门,建立用能责任制度。

6.1.2 企业应按要求建立能耗统计体系,建立能耗计算和考核结果的文件档案,并对文件进行受控管理。

6.1.3 企业应根据 GB 17167 的要求配备能源计量器具并建立能源计量管理制度。

6.2 节能技术管理

新建或改扩建焦炉,原则上要同步配套建设干熄焦装置,焦炉煤气应全部回收利用,不得直排或点火炬,要采用先进的配煤工艺,合理配比炼焦用煤,尽量减少优质主焦煤用量。

附　录　A

（资料性附录）

各种能源折标准煤参考系数

能源名称	平均低位发热量	折标准煤系数
原　煤	20908kJ/kg	0.7143kgce/kg
干洗精煤（灰分10％）	29689kJ/kg	1.0143kgce/kg
无烟煤（湿）	25090kJ/kg	0.8571kgce/kg
动力煤（湿）	20908kJ/kg	0.7143kgce/kg
焦炭（干全焦）（灰分13.5％）	28435kJ/kg	0.9714kgce/kg
高炉煤气	3763kJ/m³	0.1286kgce/kg
煤焦油	33453kJ/kg	1.1429kgce/kg
焦炉煤气	16726kJ/m³～17981kJ/m³	0.5714kgce/m³～0.6143kgce/m³
蒸汽（低压）	3763kJ/kg	0.1286kgce/kg
蒸汽（中高压）		0.12kgce/kg
粗　苯	41816kJ/kg	1.4286kgce/kg
热力（当量值）		0.03412kgce/MJ
电力（等价值）	11826kJ/(kW·h)	0.4040kgce/(kW·h)
电力（当量值）	3600kJ/(kW·h)	0.1229kgce/(kW·h)

注1：洗精煤或煤炭的灰分、水分每增、减1％，则热值相应要减、增约334kJ/kg。

注2：无烟煤、动力煤热值波动范围较大，推荐值为大体平均值。

ICS 27.010
F 01

中华人民共和国国家标准

GB 21370—2008

炭素单位产品能源消耗限额

The norm of energy consumption per unit product of carbon materials

2008-01-21 发布　　　　　　　　　　　　2008-06-01 实施

中华人民共和国国家质量监督检验检疫总局
中国国家标准化管理委员会　发布

GB 21370—2008

前　言

本标准的 4.1 和 4.2 是强制性的,其余是推荐性的。

本标准附录 A 为资料性附录,附录 B 为规范性附录。

本标准由国家发展和改革委员会资源节约和环境保护司、国家标准化管理委员会工业标准一部提出。

本标准由全国能源基础与管理标准化技术委员会归口。

本标准主要起草单位:中国钢铁工业协会、钢铁研究总院。

本标准主要起草人:王淑贤、郦秀萍、陈丽云、黄导、张春霞、兰德年、杨立新、陈国强、解治友。

炭素単位产品能源消耗限额

1 范围

本标准规定了炭素制品及其主要生产工序单位产品能源消耗(以下简称能耗)限额的技术要求、统计范围和计算方法、节能管理与措施。

本标准适用于石墨电极(普通功率石墨电极、高功率石墨电极、超高功率石墨电极)、炭电极和炭块(普通炭块、石墨质炭块、半石墨质炭块、微孔炭块)单位产品能耗及炭素生产主要工序(焙烧和石墨化工序)单位产品能耗的计算、考核,以及对新建设备的能耗控制。

2 规范性引用文件

下列文件中的条款通过本标准的引用而成为本标准的条款。凡是注日期的引用文件,其随后所有的修改单(不包括勘误的内容)或修订版均不适用于本标准,然而,鼓励根据本标准达成协议的各方研究是否使用这些文件的最新版本。凡是不注日期的引用文件,其最新版本适用于本标准。

GB 17167 用能单位能源计量器具配备和管理通则

3 术语和定义

下列术语和定义适用于本标准。

3.1

石墨电极单位产品综合能耗 the comprehensive energy consumption per unit product of graphite pole

报告期内,原料经煅烧、破碎、配料、混捏、压型、焙烧、浸渍和石墨化以及机械加工等工序生产出单位合格的石墨电极,扣除生产过程回收的能源量后实际消耗的各种能源折标准煤总量。

3.2

炭电极和炭块单位产品综合能耗 the comprehensive energy consumption per unit product of charcoal pole and carbon block

报告期内,原料经煅烧、破碎、配料、混捏、压型、焙烧、机械加工等工序生产出单位合格的炭电极、炭块,扣除生产过程回收的能源量后实际消耗的各种能源折标准煤总量。

3.3

焙烧工序单位产品能耗 the energy consumption per unit product of baking procedure

报告期内,焙烧工序生产单位合格焙烧品,扣除工序回收的能源量后实际消耗的各种能源折标准煤总量。

3.4

石墨化工序单位产品能耗 the energy consumption per unit product of graphite-making procedure

报告期内,石墨化工序生产单位合格石墨化品,扣除工序回收的能源量后实际消耗的各种能源折标准煤总量。

4 技术要求

4.1 现有炭素生产企业单位产品能耗限额限定值

4.1.1 石墨电极、炭电极和炭块单位产品综合能耗限额限定值

现有炭素企业生产的石墨电极、炭电极和炭块单位产品综合能耗限额限定值应符合表1的规定。

表1 石墨电极、炭电极和炭块单位产品综合能耗限额限定值

产 品 名 称		单位产品综合能耗限额限定值/(kgce/t)		单位产品电耗限额限定值/(kW·h/t)
		电力折标准煤系数取等价值	电力折标准煤系数取当量值	
石墨电极	普通功率石墨电极	≤4600	≤2680	≤6783
	高功率石墨电极	≤5650	≤3590	≤7578
	超高功率石墨电极	≤6600	≤4450	≤8068
炭电极	直径≤1000mm	≤1150	≤1850	—
	直径>1000mm	≤2050	≤1050	—
炭块	普通炭块	≤1400	≤1290	—
	(半)石墨质炭块	≤1650	≤1480	—
	微孔炭块	≤1850	≤1670	—

4.1.2 炭素生产主要工序单位产品能耗限额限定值

对于现有独立的不完全工序的炭素企业,其焙烧工序、石墨化工序单位产品能耗限额限定值应符合表2的规定。

表2 炭素生产中焙烧和石墨化工序单位产品能耗限额限定值

工 序 名 称		单位产品能耗限额限定值/(kgce/t)		单位产品电耗限额限定值/(kW·h/t)
		电力折标准煤系数取等价值	电力折标准煤系数取当量值	
焙烧工序	产品直径≤500mm	≤580	≤560	—
	500mm<产品直径≤1000mm	≤660	≤640	
	产品直径>1000mm	≤1450	≤1400	
石墨化工序	普通功率石墨电极	≤2700	≤1300	≤5020
	高功率石墨电极	≤2970	≤1430	≤5520
	超高功率石墨电极	≤3100	≤1490	≤5770

4.2 新建炭素生产设备单位产品能耗限额准入值

4.2.1 石墨电极、炭电极和炭块单位产品能耗限额准入值

炭素企业在新建或改扩建炭素生产设备及采用炭素生产新工艺时,其石墨电极、炭电极、炭块单位产品能耗限额准入值应符合表3的规定。

表3 石墨电极、炭电极和炭块单位产品能耗限额准入值

产 品 名 称		单位产品综合能耗限额准入值/(kgce/t)		单位产品电耗限额准入值/(kW·h/t)
		电力折标准煤系数取等价值	电力折标准煤系数取当量值	
石墨电极	普通功率石墨电极	≤4150	≤2460	≤6051
	高功率石墨电极	≤5160	≤3220	≤6773
	超高功率石墨电极	≤5990	≤4030	≤7226

表3（续）

产品名称		单位产品综合能耗限额准入值/(kgce/t)		单位产品电耗限额准入值/(kW·h/t)
		电力折标准煤系数取等价值	电力折标准煤系数取当量值	
炭电极	直径≤1000mm	≤1050	≤900	—
	直径>1000mm	≤1820	≤1620	—
炭块	普通炭块	≤1300	≤1200	—
	(半)石墨质炭块	≤1450	≤1280	—
	微孔炭块	≤1650	≤1460	—

4.2.2 炭素生产主要工序单位产品能耗限额准入值

对于独立的不完全工序的炭素企业，在新建或改扩建中新增设备以及采用新的工艺时，其焙烧工序和石墨化工序单位产品能耗限额准入值应符合表4的规定。

表4 炭素生产中焙烧和石墨化工序单位产品能耗限额准入值

工序名称		单位产品能耗限额准入值/(kgce/t)		单位产品电耗限额准入值/(kW·h/t)
		电力折标准煤系数取等价值	电力折标准煤系数取当量值	
焙烧工序	产品直径≤500mm	≤480	≤470	—
	500mm<产品直径≤1000mm	≤550	≤540	
	产品直径>1000mm	≤1200	≤1180	
石墨化工序	普通功率石墨电极	≤2460	≤1230	≤4420
	高功率石墨电极	≤2700	≤1350	≤4860
	超高功率石墨电极	≤2830	≤1420	≤5080

4.3 炭素企业单位产品能耗限额先进值

4.3.1 石墨电极、炭电极和炭块单位产品能耗限额先进值

炭素企业在生产过程中，应积极推进节能技术改造，加强科学管理，尽快使石墨电极、炭电极、炭块单位产品综合能耗达到表5规定的单位产品能耗限额先进值。

表5 石墨电极、炭电极和炭块单位产品综合能耗限额先进值

产品名称		单位产品能耗限额先进值/(kgce/t)		单位产品电耗限额先进值/(kW·h/t)
		电力折标准煤系数取等价值	电力折标准煤系数取当量值	
石墨电极	普通功率石墨电极	≤3960	≤2350	≤5807
	高功率石墨电极	≤4860	≤3080	≤6505
	超高功率石墨电极	≤5650	≤3800	≤6946
炭电极	直径≤1000mm	≤980	≤800	—
	直径>1000mm	≤1670	≤1470	

表 5（续）

产 品 名 称		单位产品能耗限额先进值/(kgce/t)		单位产品电耗限额先进值/(kW·h/t)
		电力折标准煤系数取等价值	电力折标准煤系数取当量值	
炭块	普通炭块	≤1200	≤1050	—
	（半）石墨质炭块	≤1300	≤1130	—
	微孔炭块	≤1520	≤1330	—

4.3.2 炭素生产主要工序单位产品能耗限额先进值

对于独立的不完全工序的炭素企业,在未来的发展过程中,应积极推进技术改造、强化管理,使其焙烧、石墨化工序单位产品能耗达到表6的单位产品能耗限额先进值。

表 6 炭素生产中焙烧和石墨化工序单位产品能耗限额先进值

工 序 名 称		单位产品能耗限额先进值/(kgce/t)		单位产品电耗限额先进值/(kW·h/t)
		电力折标准煤系数取等价值	电力折标准煤系数取当量值	
焙烧工序	产品直径≤500mm	≤440	≤430	
	500mm<产品直径≤1000mm	≤510	≤500	—
	产品直径>1000mm	≤1100	≤1000	
石墨化工序	普通功率石墨电极	≤2400	≤1220	≤4220
	高功率石墨电极	≤2640	≤1340	≤4640
	超高功率石墨电极	≤2760	≤1410	≤4850

5 计算方法

5.1 能耗统计范围及能耗折标准煤系数取值原则

5.1.1 统计范围

5.1.1.1 石墨电极(普通功率石墨电极、高功率石墨电极、超高功率石墨电极)单位产品综合能耗包括煅烧、破碎、配料、混捏、压型、焙烧、浸渍、石墨化、机械加工等各工序生产系统、辅助生产系统和生产管理、调度指挥以及附属生产系统消耗的各种能源量,扣除生产过程中回收的能源量。不包括用于生活目的所消耗的能源量。

其中焙烧和浸渍工序能源消耗为:

a) 普通功率石墨电极能耗是按电极本体"一次焙烧"加接头"一次浸渍二次焙烧"的总能耗;

b) 高功率石墨电极能耗是按电极本体"一次浸渍二次焙烧"加接头"二次浸渍三次焙烧"的总能耗;

c) 超高功率石墨电极能耗是按电极本体"二次浸渍三次焙烧"加接头"三次浸渍四次焙烧"的总能耗。

5.1.1.2 炭电极、炭块单位产品综合能耗包括煅烧、破碎、配料、混捏、压型、焙烧和机械加工等各工序生产系统、辅助生产系统以及生产管理、调度指挥系统消耗的各种能源量,扣除生产过程中回收的能源量。不包括用于生活目的所消耗的能源量。

5.1.1.3 焙烧工序单位产品能耗包括从压型品进入该工序开始到焙烧合格品产出为止的生产全过程所消耗的全部能源总量,扣除该工序回收的能源量。不包括用于生活目的的能源量。

5.1.1.4 石墨化工序单位产品能耗包括从焙烧品进入该工序开始到石墨化合格品产出为止的生产全过

程所消耗的全部能源总量,扣除该工序回收的能源量。不包括用于生活目的的能源量。

上述制品及其各工序单位产品综合能耗均不含原料消耗。

5.1.2 能源折标准煤系数取值原则

各种能源的热值以标准煤计。各种能源等价热值以企业在报告期内实测的热值为准。没有实测条件的,采用附录 A 中各种能源折标准煤参考系数。

5.2 石墨电极、炭电极和炭块单位产品综合能耗的计算

石墨电极、炭电极和炭块等炭素制品的单位产品综合能耗按式(1)计算,能耗分配系数按附录 B 取值:

$$E_{TS,j} = \frac{e_{ts,j}}{P_{TS,j}} = e_{jm} + \sum_{k=1}^{m-1} e_{jk} \quad\cdots\cdots\cdots\cdots\cdots\cdots\cdots\cdots\cdots (1)$$

$$e_{jm} = \sum_{i=1}^{n} \frac{e_{im}\mu_{im}}{\sum\limits_{i=1}^{k} P_{im}\lambda_{im}} \lambda_{jm} \quad\cdots\cdots\cdots\cdots\cdots\cdots\cdots\cdots\cdots (2)$$

$$e_{jk} = \frac{\sum\limits_{i=1}^{n} \dfrac{e_{ik}\mu_{ik}}{\sum\limits_{i=1}^{k} P_{ik}\lambda_{ik}} \lambda_{jk}}{\eta_m \cdots \eta_{k+i} \cdots \eta_{k+1}} (k < m) \quad\cdots\cdots\cdots\cdots\cdots (3)$$

式中:

$E_{TS,j}$——第 j 种炭素制品($j=1\sim3$,分别指石墨电极、炭电极或炭块三种炭素制品,下同)单位产品综合能耗,单位为千克标准煤每吨(kgce/t);

$e_{ts,j}$——第 j 种炭素制品生产过程消耗的所有能源总量,单位为千克标准煤(kgce);

$P_{TS,j}$——第 j 种炭素制品合格产量,单位为吨(t);

e_{jm}——炭素制品加工过程中第 m 道工序(加工工序)第 j 种制品的加工能源单耗,单位为千克标准煤每吨(kgce/t);

e_{im}——炭素制品加工过程中第 m 道工序(加工工序)第 i 种能源实物量能源,单位为吨(t)或千瓦时(kW·h)或立方米(m³);

e_{jk}——炭素制品加工过程中第 k 道工序(加工工序之前的某工序)第 j 种制品的加工能源单耗,单位为千克标准煤每吨(kgce/t);

μ_{im}——炭素制品加工过程中第 m 道工序(加工工序)第 i 种能源折标准煤系数,单位为吨标准煤每千瓦时[tce/(kW·h)]或吨标准煤每吨(tce/t)或吨标准煤每立方米(tce/m³);

P_{im}——炭素制品加工过程中第 m 道工序(加工工序)第 i 种炭素制品产量,单位为吨(t);

λ_{im}——炭素制品加工过程中第 m 道工序(加工工序)第 i 种炭素制品在第 m 道工序的能源分配系数;

λ_{jm}——第 j 种炭素制品在第 m 道工序的能耗分配系数;

e_{ik}——炭素制品加工过程中第 k 道工序(加工工序之前的某工序)第 i 种能源实物量消耗,单位为吨(t)或千瓦时(kW·h)或立方米(m³);

μ_{ik}——炭素制品加工过程中第 k 道工序(加工工序之前的某工序)第 i 种能源折标准煤系数,单位为吨标准煤每千瓦时[tce/(kW·h)]或吨标准煤每吨(tce/t)或吨标准煤每立方米(tce/m³);

P_{ik}——炭素制品加工过程中第 k 道工序(加工工序之前的某工序)第 i 种炭素制品产量,单位为吨(t);

λ_{ik}——炭素制品加工过程中第 k 道工序(加工工序之前的某工序)第 i 种炭素制品在第 k 道工序的能耗分配系数;

λ_{jk}——第 j 种炭素制品在第 k 道工序的能耗分配系数;

η_m——炭素制品加工过程中第 m 道工序(加工工序)的成品率(加工成品率);

η_{k+1}——炭素制品加工过程中第 $k+1$ 道工序(加工工序之前的某工序)的成品率。

5.3 焙烧工序、石墨化工序单位产品能耗计算

焙烧工序、石墨化工序单位产品能耗按式(4)计算,能耗分配系数按附录 B 取值:

$$E_{GX,k} = \sum_{k=1}^{n} \frac{e_{ik}\mu_{ik}}{\sum\limits_{i=1}^{n} P_{ik}\lambda_{ik}}\lambda_{jk} \quad\cdots\cdots\cdots\cdots\cdots\cdots\cdots\cdots\cdots\cdots\cdots\cdots \quad (4)$$

式中:

$E_{GX,k}$——炭素制品加工过程中第 k 道工序(焙烧工序、石墨化工序)单位产品能耗,单位为千克标准煤每吨(kgce/t);

e_{ik}——炭素制品加工过程中第 k 道工序(加工工序之前的某工序)第 i 种能源实物量消耗,单位为吨(t)或千瓦时(kW·h)或立方米(m³);

μ_{ik}——炭素制品加工过程中第 k 道工序(加工工序之前的某工序)第 i 种能源折标准煤系数,单位为吨标准煤每千瓦时[tce/(kW·h)]或吨标准煤每吨(tce/t)或吨标准煤每立方米(tce/m³);

P_{ik}——炭素制品加工过程中第 k 道工序(加工工序之前的某工序)第 i 种炭素制品产量,单位为吨(t);

λ_{ik}——炭素制品加工过程中第 k 道工序(加工工序之前的某工序)第 i 种炭素制品在第 k 道工序的能耗分配系数;

λ_{jk}——第 j 种炭素制品在第 k 道工序的能耗分配系数。

6 节能管理

6.1 企业应根据 GB 17167 的要求配置能源计量器具,完善能源计量管理制度。

6.2 企业应按要求建立健全能耗统计分析、考核体系,建立能耗计算和考核结果的文件档案,并对其进行受控管理。

6.3 企业应将炭素制品的单位产品综合能耗指标落实到基层,建立用能、节能责任制。

6.4 企业应积极依靠技术进步,配置先进的节能设备和节能新工艺。最大限度地提高炭素企业三大炉窑(煅烧炉、焙烧炉、石墨化炉)的热效率,减少能源损失,降低企业能源成本。

附 录 A

（资料性附录）

各种能源折标准煤参考系数表

能源名称	平均低位发热值	折标准煤系数
原 煤	20908kJ/kg	0.7143kgce/kg
无烟煤（湿）	25090kJ/kg	0.8571kgce/kg
动力煤（湿）	20908kJ/kg	0.7143kgce/kg
焦炭（灰分13.5%）	28435kJ/kg	0.9714kgce/kg
汽 油	43070kJ/kg	1.4714kgce/kg
煤 油	43070kJ/kg	1.4714kgce/kg
柴 油	42652kJ/kg	1.4571kgce/kg
天然气	38931kJ/m³	1.3300kgce/m³
电力（等价）	—	0.4040kgce/(kW·h)
电力（当量）	3600kJ/(kW·h)	0.1229kgce/(kW·h)
注1：焦炭的灰分、水分每增减1%，则热值减增约334kJ/kg。		
注2：无烟煤、动力煤热值波动范围较大，推荐值为大体平均值。		

附　录　B

（规范性附录）

工序能耗分配系数表

工序产品		煤气（重油/煤）	动力电	蒸　汽	水	压缩空气	焦　粒	焦　粉
压　型	电极	1.0	1.0	1.0	1.0	1.0	—	—
	炭块	1.0	1.1	1.05	1.0	1.0	—	—
焙　烧	电极	1.0	1.0	1.0	1.0	1.0	—	1.0
	炭块	0.9	0.9	1.0	1.0	1.0	—	0.93
浸　渍	电极	1.0	1.0	1.0	1.0	1.0	—	—
石墨化	电极	1.0	1.0	1.0	1.0	1.0	1.0	1.0
加　工	电极	—	1.0	1.0	1.0	—	—	—
	炭块	—	1.5	1.0	1.0	1.2	—	—

注：工序单一产品不使用分配系数，直接计算。石墨化工序消耗的工艺电量，以品种单独耗量为准，不进行分配。

ICS 77-010
H 04

中华人民共和国国家标准

GB/T 28924—2012

钢铁企业能效指数计算导则

Guides for calculating energy efficiency index of an iron and steel enterprise

2012-10-12 发布

2013-05-01 实施

中华人民共和国国家质量监督检验检疫总局
中国国家标准化管理委员会　　发布

前　言

本标准由中国钢铁工业协会提出。

本标准由全国钢标准化技术委员会(SAC/TC 183)归口。

本标准起草单位:莱芜钢铁集团有限公司、中国节能协会、苏州博恒浩科技有限公司、重庆万达薄板有限公司、北京麦特莱吉工程技术有限公司、冶金工业信息标准研究院。

本标准主要起草人:梁凯丽、宋忠奎、蒋芸、周亮文、林七女、仇金辉、高建平、张进莺、许秀飞。

钢铁企业能效指数计算导则

1 范围

本标准规定了能效指数的术语和定义、计算方法、评价方法、基准能耗的确定、数值修约和统计。

本标准适用于钢铁企业能效指数的计算,其他工业企业可参照使用。

2 规范性引用文件

下列文件对于本文件的应用是必不可少的。凡是注日期的引用文件,仅注日期的版本适用于本文件。凡是不注日期的引用文件,其最新版本(包括所有的修改单)适用于本文件。

GB/T 2589　综合能耗计算通则

GB 3101　有关量、单位和符号的一般原则

GB/T 3484　企业能量平衡通则

GB/T 8170　数值修约规则与极限数值的表示和判定

3 术语和定义

GB/T 2589、GB/T 3484 界定的以及下列术语和定义适用于本文件。

3.1

能效指数　energy efficiency index

统计报告期单位产品能耗与基准能耗之间的比值。

3.2

单元　unit

可单独统计能耗的生产单位、工序或设施设备等。

3.3

基准能耗　benchmark of energy consumption per unit product

企业确定的一定阶段的单元能耗或综合能耗的基准值,以单位产品能耗表示。

4 计算方法

4.1 单元能效指数按式(1)计算:

$$I_x = \frac{e_x}{e_o} \quad\cdots\cdots\cdots\cdots\cdots\cdots\cdots\cdots\cdots\cdots\cdots\cdots\cdots \quad(1)$$

式中:

I_x——单元能效指数;

e_x——统计报告期单位产品能耗,单位为千克标准煤每产品单位;

e_o——基准能耗,单位为千克标准煤每产品单位。

4.2 综合能效指数,应根据需要选取不同的单元组合,按式(2)计算:

$$I = \sum_{i=1}^{n} \frac{e_{ix}}{e_{io}} \times \lambda_i \quad\cdots\cdots\cdots\cdots\cdots\cdots\cdots\cdots\cdots\cdots \quad(2)$$

式中:

I——综合能效指数;

e_{ix}——统计报告期单元 i 的单位产品能耗,单位为千克标准煤每产品单位;

e_{io}——单元 i 的基准能耗,单位为千克标准煤每产品单位;

λ_i——单元耗能量权重系数,$\lambda_i = \dfrac{i \text{ 单元耗能量}}{\text{系统耗能总量}}$,$\sum\limits_{i=1}^{n} \lambda_i = 1$;

n——单元数量。

5 评价方法

5.1 $I>1$,表示企业统计报告期能耗比基准能耗高,数值越大,距基准差距越大。

5.2 $I=1$,表示企业统计报告期能耗与基准能耗相同。

5.3 $I<1$,表示企业统计报告期能耗比基准能耗低,数值越小,比基准进步幅度越大。

6 基准能耗的确定

同口径下,参照本企业历史最好水平、国际国内同行业先进水平以及理论值确定。

7 数值修约和统计

7.1 本标准规定的能效指数的数值修约应符合 GB/T 8170 的规定。

7.2 企业耗能量的统计方法应符合 GB/T 2589、GB/T 3484 的规定。

7.3 用于统计的量、单位、符号应符合 GB 3101 的规定。

ICS 77.140.99
H 04

中华人民共和国黑色冶金行业标准

YB/T 4209—2010

钢铁行业蓄热式燃烧技术规范

Regenerative combustion technical specification of
iron and steel industry

2010-08-16 发布　　　　　　　　　　　　　　2010-10-01 实施

中华人民共和国工业和信息化部　发布

YB/T 4209—2010

前　言

本规范由中国钢铁工业协会提出。

本规范由全国钢标准化技术委员会归口。

本规范起草单位：冶金工业信息标准研究院、中钢集团鞍山热能研究院有限公司、韶关钢铁集团有限公司、济钢国际工程技术有限公司、北京神雾热能技术有限公司、中冶东方工程技术有限公司、首钢总公司。

本规范主要起草人：罗国民、仇金辉、谢国威、傅兵、李治、刘海东、高建平、戴强、卢学云、姜辉、黄晟、郝丙星、吴明华、温志红、陈冠军。

钢铁行业蓄热式燃烧技术规范

1 总则

1.1 为了保护和改善生态环境与生活环境,促进钢铁行业节能减排,充分回收工业炉窑的高温烟气余热,提高工业炉窑热效率,减少烟气对大气的污染或公害,充分发挥蓄热式燃烧技术的节能和环保效果,特制定本规范。

1.2 本规范规定了工业炉窑的蓄热式燃烧技术设计、设备选型、安装、验收、生产操作与维护过程等技术原则。

1.3 蓄热式工业炉窑的工艺流程和主要设备的设计与选择,在本规范基础上结合实际,因地制宜,并经过技术方案优化和经济比较后择优确定。

1.4 蓄热式工业炉窑的生产操作与维护,在本规范基础上应结合实际配备专门操作、维护及管理人员。

1.5 蓄热式工业炉窑的建设与管理除应遵循本规范外,应符合国家现行相关的法律、法规和相应标准。

1.6 其他行业也可参照本规范执行。

2 规范性引用文件

下列文件中的条款通过本规范的引用而成为本规范的条款。凡是注日期的引用文件,其随后所有的修改单(不包括勘误的内容)或修订版均不适用于本规范,然而,鼓励根据本规范达成协议的各方研究是否可使用这些文件的最新版本。凡是不注日期的引用文件,其最新版本适用于本规范。

GB 3095 环境空气质量标准

GB 9078 工业炉窑大气污染物排放标准

GB 12348 工业企业厂界环境噪声排放标准

GB/T 13338 工业燃料炉热平衡测定与计算基本规则

GB/T 17195 工业炉名词术语

GB 50257 电气装置安装工程爆炸和火灾危险环境电气装置施工及验收规范

3 术语和定义

GB/T 17195 中确立的以及下列术语和定义适用于本规范。

3.1

蓄热式燃烧 regenerative combustion

采用蓄热式烟气余热回收装置,交替切换空气或气体燃料与烟气,使之流经蓄热体,能够在最大程度上回收高温烟气的显热,排烟温度可降到180℃以下,可将助燃介质或气体燃料蓄热到1000℃以上,形成与传统火焰不同的新型火焰类型,并通过换向燃烧使炉内温度分布更趋均匀。

3.2

蓄热式烧嘴 regenerative burner

蓄热式烧嘴是带有蓄热室余热回收装置的烧嘴,配对使用,通过换向实现周期性燃烧。一座炉子可采用多对蓄热式烧嘴供热。

3.3

内置蓄热室 internal regenerative chamber

内置蓄热室是安装在炉体内部的蓄热装置,在炉墙内浇注有通道和喷口,和余热回收装置结合成一体。

3.4

外置蓄热箱　external regenerative box

外置蓄热箱是把蓄热室和高温通道置于炉体外,通过与炉内喷口的直接连接形成外置蓄热装置。

3.5

自身蓄热烧嘴　self-regenerative burner

自身蓄热烧嘴是一对蓄热室余热回收装置安装在一个烧嘴上,将供热与排烟在一个烧嘴内同时完成,在烧嘴周围形成烟气循环。

3.6

蓄热式辐射管　regenerative radiant tube

蓄热式辐射管是一种采用蓄热式燃烧技术的辐射管加热装置,将两个蓄热式烧嘴安装在辐射管的两端,通过换向燃烧,以提高介质蓄热温度,降低烟气排放温度。燃烧在辐射管内进行,对物料进行保护性加热。

3.7

蓄热体　regenerator

一般由耐火材料制成,周期储存和释放热量,实现冷热介质热量的传递。

3.8

换向阀　reversal valve

换向阀是切换蓄热室供气、排烟,改变助燃介质或燃气流向的阀门。

3.9

换向时间　reversal time

换向阀两次动作时间间隔。

3.10

换向周期　reversal cycle

两个换向时间为一个换向周期。

4 原理与流程

4.1 原理

蓄热式燃烧技术采用蓄热式烟气余热回收装置,交替切换流经蓄热体助燃介质或气体燃料与烟气流向,排烟温度可降到180℃以下,助燃介质或气体燃料可蓄热到1000℃以上,促进炉内温度均匀分布。

4.2 流程

如图所示:在A状态下鼓风机的空气经换向系统分别进入左侧通道,而后通过左侧通道蓄热室蓄热体。被蓄热体蓄热后的空气从左侧通道(或烧嘴)喷出并与燃料混合燃烧。燃烧产物对物料或炉体进行加热后进入右侧通道(或烧嘴),在右侧蓄热室内进行热交换将大部分热传给蓄热体后,以180℃以下的温度进入换向系统,经引风机排入大气。

经过半个换向周期以后控制系统发出指令,换向机构动作,空气换向或空气、煤气同步换向。将系统变为B状态。此时空气从右侧通道(或烧嘴)喷口喷出并与燃料混合燃烧,这时左侧喷口(或烧嘴)作为烟道。在引风机的作用下,使高温烟气通过蓄热体后低温排出,一个换向周期完成。单蓄热助燃介质时只有空气经过蓄热室蓄热,同时蓄热助燃介质和煤气燃料时,另有一套和以上原理相同的蓄热系统作为煤气蓄热。

A状态下:

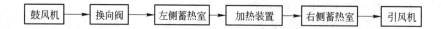

鼓风机 → 换向阀 → 左侧蓄热室 → 加热装置 → 右侧蓄热室 → 引风机

B状态下：

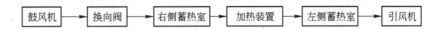

4.3 通过组织贫氧状态下的燃烧,可减少高温热力氮氧化物的产生量,符合表1的要求。

5 适用条件

5.1 蓄热式燃烧技术可以适用于钢铁行业加热炉、热处理炉、烘烤装置等工业炉窑。

5.2 蓄热式燃烧技术可以适用于不同燃料的工业炉窑,有高炉煤气、混合煤气、焦炉煤气、转炉煤气、发生炉煤气以及烧煤等。根据具体情况可采用双蓄热或单蓄热。

5.2.1 燃油炉可采用陶瓷瓦片做蓄热体,顺流式安装,需定时清洗更换,采用重油不换向,助燃介质单蓄热方式。

5.2.2 使用高炉煤气的工业炉窑采用高炉煤气和助燃介质双蓄热,燃烧温度高,全炉热效率高,排烟热损失小,节能效果明显。

5.2.3 使用混合煤气的工业炉窑主要有双蓄热和单蓄热,主要根据烟气和被蓄热介质水当量比来确定。双蓄热时空气和煤气都换向。单蓄热时分煤气换向和煤气不换向,其中煤气换向用得较多,煤气不换向主要用于小型工业炉窑。煤气不换向,空气换向单蓄热按空气喷嘴和煤气喷嘴的分布分为顺流式,逆向式,垂直式三种。

5.2.4 对于含尘大的燃料,如煤、发生炉煤气等,应在烟气入口设计集尘装置。

5.3 对于蓄热介质与燃烧产物水当量不平衡的工业炉窑在采用蓄热式燃烧技术时,可以考虑用换热器的副烟道。

6 蓄热式应用形式分类与技术要求

6.1 一般要求

应用形式选择是按该技术的核心部分——蓄热室的布置来分类的。蓄热室集供热、排烟和余热回收于一体而成为该技术的中枢,其他设备和工艺的变化应以此为基础。蓄热室阻力损失应不大于3000Pa,用户应根据实际情况选择以下结构形式。正常使用寿命应大于三年。

6.2 蓄热烧嘴式

蓄热烧嘴一般采用蜂窝状蓄热体,成对布置,燃料和助燃介质双蓄热时,在同一烧嘴喷出,同步换向;助燃介质单蓄热时,可以用液体和气体燃料,在同一烧嘴喷出,同步换向。

6.3 内置蓄热室式

内置蓄热室布置在炉体内部,燃料和助燃介质从不同通道喷出,同步换向。

6.4 外置蓄热箱式

外置蓄热箱外置炉体两侧,燃料和助燃介质在不同通道喷出,同步换向,采用蜂窝状时水平成对布置,采用球状蓄热体时蓄热箱垂直成对布置。

6.5 单体式自身蓄热烧嘴

自身蓄热烧嘴采用蜂窝状蓄热体,单体式布置,燃料和助燃介质双蓄热时,用于低热值气体燃料,在同一烧嘴喷出,烟气在同一烧嘴吸回,同步换向;助燃介质单蓄热时,可以用液体和气体燃料,在同一烧嘴喷出,烟气在同一烧嘴吸回,燃料不换向。

6.6 辐射管式

辐射管蓄热室采用蜂窝状蓄热体,单体式布置,燃料和助燃介质双蓄热时,用于低热值气体燃料,在辐射管同一端喷出,烟气在辐射管另一端吸回,同步换向;助燃介质单蓄热时,可以用液体和气体燃料,在辐射管同一端喷出,烟气在辐射管另一端吸回,同步换向。

6.7 技术指标

蓄热式燃烧技术性能指标符合表1的规定。烟气成分(氧气含量、一氧化碳含量)在使用中积累数据(烟气成分在阀前取样测试)。

表1

项 目		准入值	先进值
温度/℃ ≤		180	
全炉热效率/%		70	74
氮氧化物/(mg/m³)(按11%氧含量折算)		180	150

7 燃烧系统

7.1 蓄热式燃烧系统由蓄热式燃烧装置、换向系统、空气管路系统、煤气管路系统、烟气管路系统、鼓风机、引风机和烟囱等部分组成。

7.2 燃烧系统应符合本标准规定,同时符合设计要求。

7.3 蓄热式烧嘴设计对蓄热室结构的要求主要根据具体生产单位工业炉窑的炉膛尺寸,选择合适的蓄热箱结构和蓄热体。

7.4 燃烧喷口(或烧嘴)的形状、大小以及相对位置应根据工业炉窑燃料种类、炉膛尺寸、供热量大小与分布来计算与设计。

8 蓄热体

8.1 材质

蓄热体材质应具有不破裂、不板结、一次使用寿命8000h以上。一般采用董青石、高铝、莫来石、刚玉等材料。

8.2 形状与堆积高度

8.2.1 蓄热体形状有:球状、蜂窝状、直通网状、片状、管状等。

8.2.2 蓄热体堆积高度与蓄热体尺寸、换向周期和排烟温度等有关。

9 换向系统

9.1 换向阀

9.1.1 换向阀有:二通、三通、四通、五通等种类。

9.1.2 泄漏率符合相应国家标准,动作时间小于等于3s。

9.1.3 换向阀应符合相应标准规定,同时符合设计图纸要求。

9.2 换向动力系统

可以采用气动系统、液压传动、电动系统、电液传动等。

10 供风与排烟系统

10.1 助燃风机应优先考虑采用变频控制,助燃风机进风口应配消声器和调节阀。

10.2 经蓄热室排出的烟气温度应为180℃以下,并采用引风机强制排烟。对于空、煤气双蓄热的燃烧系统,排烟系统必须分成空气侧排烟和煤气侧排烟两套系统,蓄热排烟管道的低点应设排水装置。

10.3 引风机选型时应考虑烟气对引风机的腐蚀。

10.4 引风机入口需设自动调节阀。带有副烟道的蓄热式燃烧系统,副烟道上需设自动调节烟道阀。

11 点火烧嘴

11.1 对于低热值燃料,可设置高热值燃料的点火烧嘴。

11.2 对于高热值燃料除蓄热式烧嘴外,要求另设置相同燃料的点火烧嘴。

11.3 对于高热值燃料蓄热烧嘴,可设置蓄热烧嘴点火器或另设点火烧嘴。

12 热工监测与自动控制

12.1 工业炉窑设炉膛温度检测点,对炉温进行自动控制,设排烟温度检测,也可设蓄热室温度检测。

12.2 工业炉窑设压力检测点,分别对炉膛压力、空气总管压力、煤气总管压力(燃料为煤气时)检测。鼓风机停电时自动切断主管煤气,煤气低压声光报警压力小于等于 4kPa,超低压切断压力小于等于 3kPa。

12.3 工业炉窑设流量检测点,并对空、燃比实行自动比例调节。

12.4 换向控制采用延时程序和逻辑顺序程序相结合来实现,自动控制,具备定温换向、定时换向、强制换向、超温报警等功能。

换向阀应控制换向时间,避免蓄热室超温和煤气在蓄热室的二次燃烧。

13 环境保护与安全措施

13.1 环境保护

13.1.1 污染物的排放应遵守国家有关标准和规范,对工艺过程产生的污染物进行严格的控制并加强治理,污染物的排放浓度符合 GB 9078 规定、环保排放应符合 GB 3095 规定。

13.1.2 有声源的装置,噪声应符合 GB 12348 规定。

13.2 安全措施

13.2.1 对炉区易聚集 CO 的区域设置 CO 监测及报警装置,并配备相应的灭火设施;报警装置需现场和操作室两地声光报警。

对于采用煤气为燃料的装置,煤气管道上可设弹压式防爆装置,空气管道上应设防爆片;空、煤气管道均设吹扫放散装置;煤气换向系统需具有可靠的密封性能,以防止煤气向排烟系统的泄漏。

对于高炉煤气的燃烧装置,炉膛温度应不低于 750℃。

炉区内的电气装置按 GB 50257 的规定进行设计。

13.2.2 控制系统需设紧急停炉联锁控制程序,以防止风机掉电、煤气低压、煤气泄漏、换向系统故障等紧急事故下对人员、设备的伤害。

13.2.3 供电、照明和防雷执行国家有关标准和规范。

14 测试与验收

14.1 蓄热式燃烧技术工程项目在调试前,相关的管道、设备、材料及电气自控仪表应按国家现行相关的法律、法规和强制性的标准与规范的规定进行工程施工验收。

14.2 蓄热式燃烧技术工程项目在工程施工验收后,应进行冷态试车与调试,检查燃烧系统与相关设备是否正常工作,在冷态试车后进行试生产,检查各热工参数是否达到工艺要求。

14.3 蓄热式燃烧技术工程项目在试生产后,经过热平衡测试,性能指标应符合表 1 规定。

14.4 蓄热式工业炉窑的热平衡测试和计算按 GB/T 13338 的规定进行。

15 操作与维护

15.1 操作方法

根据蓄热式工业炉窑的特点形成"三协调"操作法:供热量与排烟量协调、蓄热室温度与炉温协调、空燃比与排烟温度协调。

15.1.1 供热量与排烟量协调是指操作上必须勤调排烟量与供热量的匹配,维持其当量平衡。操作上可以以炉压平衡为准,即要求炉压维持在 10Pa 左右。可以保持蓄热室热量平衡,保证加热节奏的连续调节。

15.1.2 蓄热室温度代表相应的空气或煤气蓄热温度,是保证炉温的关键条件,炉温(这里指炉气温度)是蓄热室温度的基础。

15.1.3 空燃比与排烟温度协调是指当蓄热空气或煤气其中一个量偏大时,该介质通过蓄热室后温度会下降,随之排烟温度下降;反之上升。

15.2 故障处理与维护

15.2.1 蓄热室堵塞处理

15.2.1.1 改变蓄热室和喷口结构进行防水、防渣处理。

15.2.1.2 避免蓄热室超温和二次燃烧。

15.2.1.3 提高蓄热体材料的耐高温、抗渣侵蚀及热震稳定性能。

15.2.2 蓄热室超温处理

15.2.2.1 蓄热室超温分为非沟流排烟超温和沟流排烟超温。前者处理主要是改善操作,后者处理主要是三方面改进:一是结构设计,二是工艺参数设计,三是蓄热体堆积。

15.2.2.2 蓄热室出现超温,还可能造成算子堵塞或烧坏等故障,处理方法是改进高温端的结构设计。

15.2.3 蓄热烧嘴损坏

蓄热烧嘴损坏主要原因是蓄热室与烧嘴砖接口出现裂纹造成,处理方法是改进蓄热室与烧嘴砖接口密封设计。

15.2.4 换向系统故障

换向系统故障按一般机电设备维修处理。换向系统故障时,供气和排烟均应处于关断状态。

ICS 77. 140. 50

H 46

中华人民共和国黑色冶金行业标准

YB/T 4210—2010

彩色涂层钢带生产线焚烧炉和
固化炉热平衡测定与计算

Determination and calculation of heat balance
of incinerator and solidification furnace for CCL

2010-08-16 发布
2010-10-01 实施

中华人民共和国工业和信息化部　发布

前　　言

本标准的附录 A、附录 B 是资料性附录。

本标准由中国钢铁工业协会提出。

本标准由全国钢标准化技术委员会归口。

本标准起草单位：浙江华东钢业集团有限公司、冶金工业信息标准研究院、北京星和众工设备技术股份有限公司、苏州博恒浩科技有限公司。

本标准主要起草人：何长化、仇金辉、汪为健、许秀飞、沈伟根、戴强、赵宝玉、史宝和、温婧。

彩色涂层钢带生产线焚烧炉和固化炉热平衡测定与计算

1 范围

本标准规定了彩色涂层钢带生产线焚烧炉和固化炉热平衡测定与计算基准、测定条件、测定项目及测定计算方法。

本标准适用于彩色涂层钢带生产中以气体燃料和电力等为供给能的焚烧炉和固化炉的热平衡测定与计算。

2 规范性引用文件

下列文件中的条款通过本标准的引用而成为本标准的条款。凡是注日期的引用文件,其随后所有的修改单(不包括勘误的内容)或修订版均不适用于本标准,然而,鼓励根据本标准达成协议的各方研究是否可使用这些文件的最新版本。凡是不注日期的引用文件,其最新版本适用于本标准。

GB/T 2588 设备热效率计算通则

3 热平衡测定与计算基准

3.1 基准温度采用标准环境温度。

3.2 基准压力采用标准大气压。

3.3 燃料的发热量按应用低位发热量计算。

3.4 焚烧炉热平衡测定与计算体系取整个焚烧炉、废气热交换器、热空气热交换器以及管道等附属设施为体系。

3.5 固化炉热平衡测定与计算体系取整个固化炉以及炉气循环系统、二次供热系统等附属设施为体系,以热空气进口、燃料管道进口、废气出口为分界线。

4 设备状况

4.1 写明设备的新旧程度、特点及存在的问题,建成投产或上次大修后投产的日期。

4.2 设备及生产概况记录表见附录 A。

5 热平衡测定条件

5.1 被测设备和工艺

焚烧炉和固化炉热平衡测定,应在设备稳定运行期内进行,测定时期生产工艺应稳定正常,产品的规格以保证生产线达到额定生产能力确定,涂层为聚酯或固化温度相似的其他种类,固化温度为225℃～235℃,膜厚为 $20\mu m \pm 1\mu m$。

5.2 频次

各项数据的测定应至少测定 2 次,每次间隔不少于 1h。

5.3 测定用仪器仪表计量器具

测定用仪器仪表计量器具要求应在检定周期之内。

6 测定项目和方法

焚烧炉和固化炉测定项目和方法见表 1。

表1 焚烧炉和固化炉测定项目和方法

区 分	项 目		符号	单位	测定位置	测定仪表与方法	测定频率	取值原则
焚烧炉	燃料	燃料量	B	m^3/h	燃料管道上	流量计	1小时1次	算术平均值
		燃料发热值	Q_{dw}^s	kJ/m^3		按燃料成分进行计算		
		燃料温度	t_r	℃	燃料管道上	温度计	1小时1次	算术平均值
	烟气	烟气含湿量	g_y	%	排烟管道上	干湿球温度计	1小时1次	算术平均值
		烟气流量	V_y	m^3/h		流量计		
		烟气温度	t_y	℃		数字式温度计		
	空气	助燃空气流量	V_k	m^3/h	空气管道上	流量计	1小时1次	算术平均值
		助燃空气温度	t_k	℃		数字式温度计		
		助燃空气湿度	g_k	%		干湿球温度计		
	炉体	表面温度	t_b	℃	炉体表面	红外测温仪	1小时1次	算术平均值
		表面面积	A	m^2		对应区域		
固化炉	燃料	燃料量	B	m^3/h	燃料管道上	流量计	1小时1次	算术平均值
		燃料发热值	Q_{dw}^s	kJ/m^3		按燃料成分进行计算		
		燃料温度	t_r	℃	燃料管道上	数字式温度计	1小时1次	算术平均值
	钢带	进入固化炉温度	t_w	℃	炉外	红外测温仪	1小时1次	算术平均值
		离开固化炉温度	t_w'	℃	炉出口内部	红外测温仪		
	涂料废气	涂料废气含湿量	g_{fq}	%	涂料废气管道入口	干湿球温度计	1小时1次	算术平均值
		涂料废气流量	V_{fq}	m^3/h		流量计		
		涂料废气温度	t_{fq}	℃		数字式温度计		
	炉体	表面温度	t_b	℃	炉体表面	红外测温仪		算术平均值
		表面面积	A	m^2		对应区域		
环境	温 度		t_h	℃	系统环境位置	数字式温度计	1小时1次	算术平均值
	相对湿度		g_h	%		干湿球温度计	1小时1次	算术平均值

7 热平衡计算

7.1 热量的总体收入项目

（a） 燃气燃烧的化学热（Q_{rh}）；

（b） 燃气带入的物理热（Q_{rw}）；

（c） 助燃干空气带入的物理热（Q_k）；

（d） 助燃空气中水分带入的物理热（Q_g）；

（e） 钢带带入的物理热（Q_w）；

（f） 电气发热元件发出的热量（Q_d）；

（g） 涂料废气燃烧的化学热（Q_{fh}）。

7.2 热量的总体支出项目

（a） 钢带带出的物理热（Q'_w）；

（b） 干烟气带出的物理热（Q'_y）；

（c） 烟气中水分带出的物理热（Q'_{yg}）；

（d） 干空气带走物理热（Q'_k）；

（e） 空气中水分带走物理热（Q'_{kg}）；

（f） 炉体表面散热（Q'_b）。

对于焚烧炉和固化炉而言，钢带氧化等反应的热量变化、不完全燃烧的化学热损失、炉门及孔洞辐射热损失、炉门及孔洞冒气热损失等可以忽略不计。在正常运行的情况下，体系的积累热也可以不予考虑。

7.3 热量收入项目的计算

7.3.1 燃气燃烧的化学热（Q_{rh}）计算按下式：

$$Q_{rh} = B\,Q^s_{dw} \quad\cdots\cdots (1)$$

式中：

Q_{rh}——燃气燃烧的化学热，kJ/h(t)；

B——燃气用量，m³/h 或 m³/t；

Q^s_{dw}——燃气湿成分低位发热值，kJ/m³。

Q^s_{dw}可按下式计算：

$$Q^s_{dw} = 126CO^s + 108H^s_2 + 234H_2S^s + 358CH^s_4 + 637C_2H^s_6 + 913C_3H^s_8 + 1186C_4H^s_{10} \quad\cdots (2)$$

式中：

$CO^s, H^s_2, H_2S^s, CH^s_4, C_mH^s_n$——分别为燃气中各湿成分的体积含量，%。

7.3.2 燃气带入的物理热（Q_{rw}）计算按下式：

$$Q_{rw} = B(c_r t_r - c_{r0} t_0) \quad\cdots\cdots (3)$$

式中：

Q_{rw}——燃气带入的物理热，kJ/h(t)；

t_r——燃气的入炉温度，℃；

t_0——基准温度，℃；

c_r—— 0℃至入炉温度间燃气的平均比热容，kJ/(m³·℃)；

c_{r0}—— 0℃至基准温度间燃气的平均比热容，kJ/(m³·℃)。

$$c_r = (c_{CO}CO^s + c_{H_2}H^s_2 + c_{H_2S}H_2S^s + c_{C_mH_n}C_mH^s_n + \cdots) \times 1/100 \quad\cdots (4)$$

式中：

$c_{CO}, c_{H_2}, c_{H_2S}, c_{C_mH_n}$—— 燃气中 CO、H₂、H₂S、$C_mH_n$ 等成分的平均比热容，kJ/(m³·℃)。

7.3.3 干助燃空气带入的物理热（Q_k）计算按下式：

$$Q_k = V_k(1 - 0.000124 g_k)(c_k t_k - c_{k0} t_0) \quad\cdots\cdots (5)$$

式中：

Q_k——干助燃空气带入的物理热，kJ/h(t)；

V_k——实测助燃空气量，m³/h(t)；

g_k——空气的含水量，g/m³；

c_k—— 0℃至入炉温度间空气的平均比热容，kJ/(m³·℃)；

t_k——空气入炉温度，℃；

c_{k0}—— 0℃至基准温度间空气的平均比热容，kJ/(m³·℃)。

7.3.4 助燃空气中水分带入的物理热（Q_g）计算按下式：

$$Q_{\mathrm{g}} = 0.000124 g_{\mathrm{k}} V_{\mathrm{k}} (c_{\mathrm{g}} t_{\mathrm{k}} - c_{\mathrm{g0}} t_0) \cdots\cdots\cdots (6)$$

式中：

Q_{g}——助燃空气中水分带入的物理热，kJ/h(t)；

c_{g}—— 0℃至入炉温度间水蒸气的平均比热容，kJ/(m³·℃)；

c_{g0}—— 0℃至基准温度间水蒸气的平均比热容，kJ/(m³·℃)。

7.3.5 钢带带入的物理热(Q_{w})计算按下式：

$$Q_{\mathrm{w}} = m_{\mathrm{w}} (c_{\mathrm{w}} t_{\mathrm{w}} - c_{\mathrm{w0}} t_0) \cdots\cdots\cdots (7)$$

式中：

Q_{w}——钢带带入的物理热，kJ/h(t)；

m_{w}——入炉钢带的质量，kg/h；

c_{w}—— 0℃至入炉温度间钢带的平均比热容，kJ/(m³·℃)；

c_{w0}—— 0℃至基准温度间钢带的平均比热容，kJ/(m³·℃)。

7.3.6 电气发热元件发出的热量(Q_{d})计算按下式：

$$Q_{\mathrm{d}} = A \times N \cdots\cdots\cdots (8)$$

式中：

Q_{d}——电气发热元件发出的热量，kJ/h(t)；

A——换算系数，11839.6；

N——电热元件的实测有效功率，kW。

注：由于电力是一种二次能源，所以不能简单地与一次能源相比较，本标准采用了通过标准煤来折算的办法，即1度电折算成0.404kg标准煤，应发出11839.6kJ热量。

7.3.7 废气中有机物燃烧的化学热(Q_{fh})计算按下式：

$$Q_{\mathrm{fh}} = V_{\mathrm{f}} Q_{\mathrm{df}} \cdots\cdots\cdots (9)$$

式中：

Q_{fh}——废气中有机物燃烧的化学热，kJ/h(t)；

V_{f}—— 废气中有机物排放量，可根据每小时(吨钢)消耗的涂料和固体含量比例计算，kg/h/(t)；

Q_{df}——涂料废气的综合低位发热值，kJ/kg。

7.4 热量支出项目的计算

7.4.1 钢带带出的物理热(Q_{w}')计算按下式：

$$Q_{\mathrm{w}}' = m_{\mathrm{w}} (c_{\mathrm{w}} t_{\mathrm{w}}' - c_{\mathrm{w0}} t_0) \cdots\cdots\cdots (10)$$

式中：

Q_{w}'——钢带带出的物理热，kJ/h(t)；

c_{w}—— 0℃至出炉温度间钢带的平均比热容，kJ/(kg·℃)；

c_{w0}—— 0℃至基准温度间钢带的平均比热容，kJ/(kg·℃)；

t_{w}'——钢带离开本炉区的出炉温度，℃。

7.4.2 干烟气带出的物理热(Q_{y}')计算按下式：

$$Q_{\mathrm{y}}' = V_{\mathrm{y}} (1 - 0.000124 g_{\mathrm{y}}) (c_{\mathrm{y}} t_{\mathrm{y}} - c_0 t_0) \cdots\cdots\cdots (11)$$

式中：

Q_{y}'——干烟气带出的物理热，kJ/h(t)；

V_{y}——烟气流量，m³/h 或 m³/t；

g_{y}——烟气的含水量，g/m³；

c_{y}—— 0℃至排出温度间烟气的平均比热容，kJ/(kg·℃)；

t_y——烟气排出温度,℃;

c_0——0℃至基准温度间烟气的平均比热容,kJ/(kg·℃)。

7.4.3 烟气中水分带出的物理热(Q'_{yg})计算按下式:

$$Q'_{yg} = 0.000124 g_y V_y (c'_y t_k - c_{y0} t_0) \cdots\cdots\cdots\cdots\cdots\cdots\cdots\cdots\cdots\cdots (12)$$

式中:

Q'_{yg}——烟气中水分带出的物理热,kJ/h(t);

c'_y——0℃至排出温度间水蒸气的平均比热容,kJ/(m³·℃);

c_{y0}——0℃至基准温度间水蒸气的平均比热容,kJ/(m³·℃)。

7.4.4 干空气带走物理热(Q'_k)计算按下式:

$$Q'_k = V'_k (1 - 0.000124 g_k)(c'_k t'_k - c_k t_0) \cdots\cdots\cdots\cdots\cdots\cdots\cdots\cdots (13)$$

式中:

Q'_k——干空气带走物理热,kJ/h(t);

V'_k——所加热的空气流量,m³/h 或 m³/t;

c'_k——0℃至进入固化炉温度间空气的平均比热容,kJ/(kg·℃);

t'_k——热空气进入固化炉入口处的温度,℃;

c_k——0℃至基准温度间空气的平均比热容,kJ/(kg·℃)。

7.4.5 空气中水分带走物理热(Q'_{kg})计算按下式:

$$Q'_{kg} = V'_k 0.000124 g_k (c'_g t'_k - c_{g0} t_0) \cdots\cdots\cdots\cdots\cdots\cdots\cdots\cdots\cdots (14)$$

式中:

Q'_{kg}——空气中水分带走物理热,kJ/h(t);

c'_g——0℃至进入固化炉温度间水蒸气的平均比热容,kJ/(kg·℃);

c_{g0}——0℃至基准温度间水蒸气的平均比热容,kJ/(kg·℃)。

7.4.6 炉体或管道表面散热(Q'_b)计算按下式:

$$Q'_b = \Sigma Q_i \cdot A_i \cdots\cdots\cdots\cdots\cdots\cdots\cdots\cdots\cdots\cdots\cdots\cdots\cdots (15)$$

式中:

Q'_b——炉体或管道表面散热,kJ/h;

Q_i——i 部炉体或管道的热流密度,可用热流量计直接测出;

A_i——i 部炉体或管道的表面积,m²。

炉体或管道向外界环境的散热方式有对流和辐射两种,当炉体或管道温度较低时以对流为主,而在高温情况下以辐射为主。

当不能直接测出热流密度值时,可以进行理论计算:

$$Q_i = \alpha(t_b - t_0) \cdots\cdots\cdots\cdots\cdots\cdots\cdots\cdots\cdots\cdots\cdots\cdots\cdots (16)$$

式中:

α——散热系数;

t_b——炉体外表温度,℃;

t_0——环境温度,℃。

α 又是对流热系数 α_d 和辐射散热系数 α_r 两者之和。

当散热面朝上时,　　　　　　　　$\alpha_d = 11.7(t_b - t_0)^{1/4}$

当散热面朝下时,　　　　　　　　$\alpha_d = 6.3(t_b - t_0)^{1/4}$

当散热面垂直时,　　　　　　　　$\alpha_d = 9.2(t_b - t_0)^{1/4}$

$$\alpha_r = \frac{20.43\varepsilon}{t_b - t_0}\{[0.01(273 + t_b)]^4 - [0.01(273 + t_0)]^4\} \quad\cdots\cdots\cdots\cdots\cdots\cdots (17)$$

式中：

ε——炉体或管道表面的黑度。

7.5 热平衡表

热平衡表见附录 B。

7.6 热平衡允许误差

热平衡允许相对误差为±5%，即 $|\Delta Q/\Sigma Q| \times 100\% \leqslant 5\%$。

8 热平衡分析

8.1 热利用效率(η_1)

热利用效率表现了焚烧和固化系统所消耗的热能被钢带所吸收带出的比例，它是系统的综合参数。根据 GB/T 2588 的规定，计算时不考虑钢带带入的能量，以便直接考察能源有效利用程度。

$$\eta_1 = \frac{Q'_w - Q_w}{Q_{rh} + Q_{rw} + Q_d + Q_{fh}} \times 100\% \quad\cdots\cdots\cdots\cdots\cdots\cdots\cdots (18)$$

8.2 热能利用系统的总热能利用效率(η_h)

为了鼓励将焚烧和固化系统排出的废气所含的热量利用到其他工序，还必须计算系统所消耗的热能中被钢带所吸收以及被其他工序利用的比例。

$$\eta_h = \frac{Q'_w - Q_w + Q_t}{Q_{rh} + Q_{rw} + Q_d + Q_{fh}} \times 100\% \quad\cdots\cdots\cdots\cdots\cdots (19)$$

式中：

Q_t——系统排出的废气所含的热量利用到其他工序利用部分的总和，kJ/h(t)。

9 吨钢耗热指标(Q^*)

通过热平衡计算后计算出吨钢耗热指标，包括总体消耗和各个项目的耗热，单位为 MJ/t。

附　录　A

（资料性附录）

设备及生产概况记录表

设备及生产概况记录表见表 A.1。

表 A.1　设备及生产概况记录表

公司：	车间：	机组号：
项　目	单　位	数 值 或 内 容
炉　型	—	
燃料或能源种类	—	
热能设备组成	—	
主要产品	—	
过钢量	t/h	
工艺规范	—	
建成日期	—	
最后一次大修日期	—	

附 录 B

（资料性附录）

彩涂焚烧炉和固化炉热平衡表

彩涂焚烧炉和固化炉热平衡表见表 B.1。

表 B.1 彩涂焚烧炉和固化炉热平衡表

炉区	热收入项				热支出项			
	项　目	MJ/h	MJ/t	％	项　目	MJ/h	MJ/t	％
焚烧炉	废气燃烧的化学热（Q_{fh}）				干空气带走物理热（Q'_k）			
	燃气燃烧化学热（Q_{rh}）				空气中水分带走物理热（Q'_{kg}）			
	燃气带入物理热（Q_{rw}）				干烟气带走物理热（Q'_y）			
	助燃干空气带入物理热（Q_k）				烟气中水分带走物理热（Q'_{yg}）			
	助燃空气中水分带入物理热（Q_g）				炉体表面散热（Q'_b）			
					管道表面散热（Q'_{gb}）			
					其他热损失（Q'_q）			
	热收入小计（Q）				热支出小计（Q'）			
	热利用效率（η_1）							
固化炉	钢带带入物理热（Q_w）				钢带带走物理热（Q'_w）			
	干空气带入物理热（Q'_k）				废气带出物理热（Q_{fw}）			
	空气中水分带入物理热（Q'_{kg}）				干烟气带走物理热（Q'_y）			
	燃气燃烧化学热（Q_{rh}）				湿烟气带走物理热（Q'_{yg}）			
	燃气带入物理热（Q_{rw}）				炉体表面散热（Q'_t）			
	助燃干空气带入物理热（Q_k）				其他热损失（Q'_q）			
	助燃空气中水分带入物理热（Q_g）							
	电气发热元件发出的热量（Q_d）							
	热收入小计（Q）				热支出小计（Q'）			
	热利用效率（η_1）							
整个焚烧固化系统	钢带带入物理热（Q_w）				钢带带走物理热（Q'_w）			
	燃气燃烧化学热（Q_{rh}）				干烟气带走物理热（Q'_y）			
	燃气带入物理热（Q_{rw}）				湿烟气带走物理热（Q'_{yg}）			
	助燃干空气带入物理热（Q_k）				炉体表面散热（Q'_b）			
	助燃空气中水分带入物理热（Q_{kg}）				管道表面散热（Q'_{gb}）			
	废气燃烧化学热（Q_{fh}）				其他热损失（Q'_q）			
	电气发热元件发出的热量（Q_d）							
	热收入小计（Q）				热支出小计（Q'）			
	热利用效率（η_1）							

ICS 77.140.50
H 46

中华人民共和国黑色冶金行业标准

YB/T 4211—2010

热浸镀锌生产线加热炉热平衡
测定与计算

Determination and calculation of heat
balance of furnace for CGL

2010-08-16 发布
2010-10-01 实施

中华人民共和国工业和信息化部　　发 布

前　言

本标准的附录 A、附录 B 是资料性附录。

本标准由中国钢铁工业协会提出。

本标准由全国钢标准化技术委员会归口。

本标准起草单位:浙江华东钢业集团有限公司、冶金工业信息标准研究院、北京星和众工设备技术股份有限公司、首钢总公司、苏州博恒浩科技有限公司。

本标准主要起草人:许秀飞、仇金辉、何长化、汪为健、沈伟根、戴强、闫玮、王永强、史宝和、温婧。

热浸镀锌生产线加热炉热平衡测定与计算

1 范围

本标准规定了钢带热浸镀锌生产线加热炉的热平衡测定与计算的基准、测定条件、测定项目及计算方法。

本标准适用于钢带热浸镀锌生产线中以气体燃料和电力等为供给能的加热炉热平衡测定与计算,钢带连续退火生产线的退火炉可参考执行。

2 规范性引用文件

下列文件中的条款通过本标准的引用而成为本标准的条款。凡是注日期的引用文件,其随后所有的修改单(不包括勘误的内容)或修订版均不适用于本标准,然而,鼓励根据本标准达成协议的各方研究是否可使用这些文件的最新版本。凡是不注日期的引用文件,其最新版本适用于本标准。

GB/T 2588 设备热效率计算通则

3 热平衡测定与计算基准

3.1 基准温度采用标准环境温度。

3.2 基准压力采用标准大气压。

3.3 燃料的发热量按应用低位发热量计算。

3.4 加热炉热平衡测定与计算体系取整个加热炉中预热段、加热段、保温段炉体以及与这三部分相关的热交换器、管道等附属设施为体系,即从燃料管道进入炉体、助燃空气进入热交换器到最终废气排放口之间范围内,在炉体上以加热段与冷却段的交界处作为体系分界线。加热炉的冷却段、时效段等不作考核。

3.5 改良森吉米尔法加热炉应将无氧炉与辐射炉分开测定。

4 设备状况

4.1 写明设备的新旧程度、特点及存在的问题,建成投产或上次大修后投产的日期。

4.2 设备及生产概况记录表见附录 A。

5 热平衡测定条件

5.1 被测设备和工艺

加热炉热平衡测定,应在设备稳定运行期内进行,测定时期生产工艺必须稳定正常,产品的规格以保证加热炉达到额定生产能力确定,产品的级别统一为 CQ 级(退火温度 720℃)。

5.2 频次

各项数据的测定应至少测定 2 次,每次间隔不少于 1h。

5.3 测定用仪器仪表计量器具

测定用仪器仪表计量器具要求应在检定周期之内。

6 测定项目和方法

加热炉测定项目和方法见表 1。

表 1 加热炉测定项目和方法

区分	项目			符号	单位	测定位置	测定仪表与方法	测定频率	取值原则
预热及无氧化加热炉	燃料	燃料量		B_y	m^3/h	燃料管道上	流量计	1小时1次	算术平均值
		燃料发热值		Q_{dw}^g	kJ/m^3		按燃料成分进行分析和计算		
		燃料温度		t_{ry}	℃	燃料管道上	温度计	1小时1次	算术平均值
	烟气	烟气成分	CO_2 含量	CO_2^g	%	排烟管道上	烟气分析仪	1小时1次	算术平均值
			CO 含量	CO^g	%				
			O_2 含量	O_2^g	%				
			N_2 含量	N_2^g	%				
		烟气含湿量		g_y	%		干湿球温度计	1小时1次	算术平均值
		烟气流量		V_y	m^3/h	排烟管道上	测定或计算		
		烟气温度		t_y	℃		数字式温度计	1小时1次	算术平均值
	空气	预热炉空气流量		V_{ky}	m^3/h	空气管道上	流量计	1小时1次	算术平均值
		无氧炉空气流量		V_{kw}	m^3/h		流量计		
		空气温度		t_k	℃		数字式温度计		
		空气湿度		g_k	%		干湿球温度计		
	氢气	氢气流量		V_{H_2}	m^3/h	氢气管道上	流量计	1小时1次	算术平均值
	钢带	入炉温度		t_w	℃	炉外	光学温度计		
		离开无氧炉温度		t_w'	℃	炉内	光学温度计		
	炉体	表面温度		t_{bw}	℃	炉体表面	红外测温仪		
		表面面积		A_w	m^2		对应区域		
	冷却水	入炉温度		t_s	℃	供水管道上	数字式温度计	1小时1次	算术平均值
		离开无氧炉温度		t_s'	℃	回水管道上	数字式温度计	1小时1次	算术平均值
		流量		q	m^3/h	回水管道上	流量计	1小时1次	算术平均值
辐射加热炉	燃料	燃料量		B	m^3/h	燃料管道上	流量计	1小时1次	算术平均值
		燃料发热值		Q_{sdw}	kJ/m^3		按燃料成分进行分析和计算		
		燃料温度		t_r	℃	燃料管道上	温度计	1小时1次	算术平均值
	烟气	烟气成分	CO_2 含量	CO_2^g	%	排烟管道上	烟气分析仪	1小时1次	算术平均值
			CO 含量	CO^g	%				
			O_2 含量	O_2^g	%				
			N_2 含量	N_2^g	%				
		烟气含湿量		g_y	%		干湿球温度计	1小时1次	算术平均值
		烟气流量		V_y	m^3/h	排烟管道上	测定后计算		
		烟气温度		t_y	℃		数字式温度计	1小时1次	算术平均值

表1(续)

区 分	项 目		符号	单位	测定位置	测定仪表 与方法	测定频率	取值原则
辐射加热炉	空气	空气流量	V_k	m^3/h	空气管道上	流量计	1小时1次	算术平均值
		空气温度	t_k	℃		数字式温度计		
		空气相对湿度	g_k	%		干湿球温度计		
	钢带	进入辐射炉温度	t_w	℃	炉 外	红外测温仪	1小时1次	算术平均值
		离开辐射炉温度	t'_w	℃	炉 内	高温温度计		
	炉体	表面温度	t_b	℃	炉体表面	红外测温仪	1小时1次	算术平均值
		表面面积	A	m^2		对应区域		
电加热炉	电力	电压	U	V	总电路上	电压表	1小时1次	算术平均值
		总电流	I	A	总电路上	电流表	1小时1次	算术平均值
	钢带	进入电炉温度	t_w	℃	炉 外	红外测温仪	1小时1次	算术平均值
		离开电炉温度	t'_w	℃	炉 内	高温温度计		
	炉体	表面温度	t_b	℃	炉体表面	红外测温仪	1小时1次	算术平均值
		表面面积	A	m^2		对应区域		
环境	温 度		t_h	℃	系统环境 位置	数字式温度计	1小时1次	算术平均值
	相对湿度		g_h	%		干湿球温度计	1小时1次	算术平均值

7 热平衡计算

7.1 热量的总体收入项目

 (a) 燃气燃烧的化学热(Q_{rh});

 (b) 燃气带入的物理热(Q_{rw});

 (c) 助燃干空气带入的物理热(Q_k);

 (d) 助燃空气中水分带入的物理热(Q_g);

 (e) 钢带带入的物理热(Q_w);

 (f) 电气发热元件发出的热量(Q_d);

 (g) 氢气燃烧的化学热(Q_{H_2})。

7.2 热量的总体支出项目

 (a) 钢带带出的物理热(Q'_w);

 (b) 干烟气带出的物理热(Q'_y);

 (c) 烟气中水分带出的物理热(Q'_g);

 (d) 炉体表面散热(Q'_b);

 (e) 冷却水带出的热量(Q'_s)。

 对于镀锌加热炉而言,钢带氧化等反应的热量变化,不完全燃烧的化学热损失,炉门及孔洞辐射热损失,炉门及孔洞冒气热损失可以忽略不计,在正常运行的情况下,体系的积累热也可以不予考虑。

7.3 热量收入项目的计算

7.3.1 燃气燃烧的化学热(Q_{rh})计算按下式:

$$Q_{rh} = BQ^s_{dw} \quad\cdots\cdots\cdots\cdots\cdots\cdots\cdots\cdots\cdots\cdots\cdots\cdots \quad (1)$$

式中：

Q_{rh}——燃气燃烧的化学热，kJ/h(t)；

B——燃气用量，m³/h 或 m³/t；

Q_{dw}^s——燃气湿成分低位发热值，kJ/m³。

Q_{dw}^s 可按下式计算：

$$Q_{dw}^s = 126CO^s + 108H_2^s + 234H_2S^s + 358CH_4^s + 637C_2H_6^s + 913C_3H_8^s + 1186C_4H_{10}^s \cdots\cdots (2)$$

式中：

$CO^s, H_2^s, H_2S^s, CH_4^s, C_mH_n^s$——分别为燃气中各湿成分的体积含量，%。

7.3.2 燃气带入的物理热（Q_{rw}）计算按下式：

$$Q_{rw} = B(c_r t_r - c_{r0} t_0) \quad\cdots\cdots\cdots\cdots\cdots\cdots\cdots\cdots\cdots\cdots\cdots\cdots\cdots (3)$$

式中：

Q_{rw}——燃气带入的物理热，kJ/h(t)；

t_r——燃气的入炉温度，℃；

t_0——基准温度，℃；

c_r——0℃至入炉温度间燃气的平均比热容，kJ/(m³·℃)；

c_{r0}——0℃至基准温度间燃气的平均比热容，kJ/(m³·℃)。

$$c_r = (c_{CO}CO^s + c_{H_2}H_2^s + c_{H_2S}H_2S^s + c_{C_mH_n}C_mH_n^s + \cdots) \times 1/100$$

式中：

$c_{CO}, c_{H_2}, c_{H_2S}, c_{C_mH_n}$——燃气中 CO、H₂、H₂S、C_mH_n 等成分的平均比热容，kJ/(m³·℃)。

7.3.3 助燃干空气带入的物理热（Q_k）计算按下式：

$$Q_k = V_k(1 - 0.000124g_k)(c_k t_k - c_{k0} t_0) \quad\cdots\cdots\cdots\cdots\cdots\cdots\cdots (4)$$

式中：

Q_k——助燃干空气带入的物理热，kJ/h(t)；

V_k——实测助燃空气量，m³/h 或 m³/t；

g_k——空气的含水量，g/m³；

c_k——0℃至入炉温度间空气的平均比热容，kJ/(m³·℃)；

t_k——空气入炉温度，℃；

c_{k0}——0℃至基准温度间空气的平均比热容，kJ/(m³·℃)。

7.3.4 助燃空气中水分带入的物理热（Q_g）计算按下式：

$$Q_g = 0.000124g_k(c_g t_k - c_{g0} t_0) \quad\cdots\cdots\cdots\cdots\cdots\cdots\cdots\cdots (5)$$

式中：

Q_g——助燃空气中水分带入的物理热，kJ/h(t)；

c_g——0℃至入炉温度间水蒸气的平均比热容，kJ/(m³·℃)；

c_{g0}——0℃至基准温度间水蒸气的平均比热容，kJ/(m³·℃)。

7.3.5 钢带带入的物理热（Q_w）计算按下式：

$$Q_w = m_w(c_w t_w - c_{w0} t_0) \quad\cdots\cdots\cdots\cdots\cdots\cdots\cdots\cdots\cdots\cdots (6)$$

式中：

Q_w——钢带带入的物理热，kJ/h(t)；

m_w——入炉钢带的质量，kg/h；

c_w——0℃至入炉温度间水钢带的平均比热容，kJ/(m³·℃)；

c_{w0}——0℃至基准温度间水钢带的平均比热容,kJ/(m³·℃)。

7.3.6 电气发热元件发出的热量(Q_d)计算按下式:

$$Q_d = A \times N \quad\cdots\cdots\cdots\cdots\cdots\cdots\cdots\cdots\cdots\cdots\cdots\cdots\cdots\cdots \quad (7)$$

式中:

A——换算系数,11839.6;

N——电热元件的实测有效功率,kW。

注:由于电力是一种二次能源,所以不能简单地与一次能源相比较,本标准采用了通过标准煤来折算的办法,即1度电折算成0.404kg标准煤,应发出11839.6kJ热量。

7.3.7 氢气燃烧的化学热(Q_{H_2})计算按下式:

$$Q_{H_2} = V_{H_2} Q_{dH_2} \quad\cdots\cdots\cdots\cdots\cdots\cdots\cdots\cdots\cdots\cdots\cdots\cdots\cdots \quad (8)$$

式中:

Q_{H_2}——氢气燃烧的化学热,kJ/h(t);

V_{H_2}——氢气用量,m³/h 或 m³/t;

Q_{dH_2}——氢气的低位发热值,kJ/h 或 kJ/t。

7.4 热量支出项目的计算

7.4.1 钢带带出的物理热(Q'_w)计算按下式:

$$Q'_w = m_w(c_w t'_w - c_{w0} t_0) \quad\cdots\cdots\cdots\cdots\cdots\cdots\cdots\cdots\cdots\cdots\cdots \quad (9)$$

式中:

Q'_w——钢带带出的物理热,kJ/h(t);

c_w——0℃至出炉温度间钢带的平均比热容,kJ/(kg·℃);

c_{w0}——0℃至基准温度间钢带的平均比热容,kJ/(kg·℃);

t'_w——钢带离开本炉区的出炉温度,℃。

7.4.2 干烟气带出的物理热(Q'_y)

7.4.2.1 辐射管加热炉干烟气带出的物理热(Q'_{yf})的计算

若不能直接测出烟气的成分时,可以进行理论计算:

在辐射管内燃气是得到完全燃烧的,主要燃烧产物是 CO_2 和 H_2O,废气中的主要成分除以上两者外,还有空气中带入的 N_2 及残留的 O_2。

$$Q'_{yf} = Q'_{yfCO_2} + Q'_{yfN_2} + Q'_{yfO_2} \quad\cdots\cdots\cdots\cdots\cdots\cdots\cdots\cdots\cdots \quad (10)$$

式中:

Q'_{yfCO_2}——辐射管加热炉 CO_2 带出的物理热,kJ/h 或 kJ/t;

Q'_{yfN_2}——辐射管加热炉 N_2 带出的物理热,kJ/h 或 kJ/t;

Q'_{yfO_2}——辐射管加热炉 O_2 带出的物理热,kJ/h 或 kJ/t。

a) CO_2 带出的物理热(Q'_{yfCO_2})。

由于辐射管加热区的废气进入排放总管前往往会渗入冷空气,所以其流量和成分一般通过理论计算获得,CO_2 是燃料燃烧的生成物,根据完全燃烧化学反应方程式可知,CO_2 的数量是燃气中 CO 的一倍,C_mH_n 的 m 倍,由此可计算出:

$$Q'_{rfCO_2} = (\Sigma V_{C_mH_n} \cdot m + V_{CO}) \cdot (c'_{CO_2} t'_f - c_{CO_20} t_0) \quad\cdots\cdots\cdots\cdots\cdots \quad (11)$$

式中:

$\Sigma V_{C_mH_n}$——燃气中 C_mH_n 的总消耗量,m³;

V_{CO}——燃气中 CO 的消耗量,m³;

c'_{CO_2}——0℃至排气温度间 CO_2 的平均比热容,kJ/(m³·℃);

t_f'——辐射管废气排出测量体系的温度,℃;

c_{CO_20}——0℃至基准温度间 CO_2 的平均比热容,kJ/(m³ · ℃)。

b)　N_2 带出的物理热(Q_{yfN_2}')。

废气中的 N_2 来源于助燃空气,其数量可根据吹入辐射管内一次和二次助燃空气的总量计算出来。

$$Q_{rfN_2}' = 0.791V_{fk} \cdot (c_{N_2}' t_f' - c_{N_20} t_0) \cdots\cdots\cdots\cdots\cdots\cdots\cdots\cdots\cdots\cdots (12)$$

式中:

V_{fk}——辐射管一次和二次助燃空气的总量,m³;

c_{N_2}'—— 0℃至排气温度间 N_2 的平均比热容,kJ/(m³ · ℃);

c_{N_20}—— 0℃至基准温度间 N_2 的平均比热容,kJ/(m³ · ℃)。

c)　O_2 带出的物理热(Q_{yfO_2}')。

废气中的 O_2 是助燃空气使燃气完全燃烧后剩余的部分,其数量可根据实际空气消耗量与理论空气消耗量来计算。

$$Q_{rfO_2}' = 0.209(V_{fk} - V_{fke}) \cdot (c_{O_2}' t_f' - c_{O_20} t_0) \cdots\cdots\cdots\cdots\cdots\cdots\cdots (13)$$

式中:

V_{fke}——辐射管所消耗的燃气的理论空气需求量,m³;

c_{O_2}'—— 0℃至排气温度间 O_2 的平均比热容,kJ/(m³ · ℃);

c_{O_20}—— 0℃至基准温度间 O_2 的平均比热容,kJ/(m³ · ℃)。

7.4.2.2　无氧炉和预热炉区干气带走的热量计算

由于镀锌加热炉的预热区采用的是无氧炉流入的废气进行2次燃烧使钢带加热,从而提高热能的利用效率,所以在进行热平衡的计算时,可以作为一个体系来看待。

若不能直接测出烟气的成分时,可以进行理论计算:

a)　CO_2 带出的物理热以及 O_2 带出的物理热的计算原理与辐射管加热区基本相同,必须注意的是计算总助燃空气时必须全面考虑无氧炉和预热炉所使用的总空气量。

b)　N_2 带出的物理热(Q_{rwN_2}')。

这里的废气中的 N_2 有两大主要来源,一是无氧炉加热区主燃烧器和点火燃烧器以及预热区后燃烧器内吹进的助燃空气带入的,另一个是保护气体中的氮气。前者的计算方法与辐射管加热区基本相同,后者根据保护气体的通入量和比例来计算。

7.4.3　烟气中水分带出的物理热(Q_g')

若不能直接测出烟气的水分时,可以进行理论计算:

a)　辐射管加热炉排出的烟气中的水分带出的物理热(Q_{gf}')。

辐射管加热炉排出的烟气中水汽有两个主要来源:燃气燃烧后的生成物以及助燃空气带入的水汽。前者根据化学反应方程式可知,其数量是 C_mH_n 的 $n/2$ 倍,H_2S 的 1 倍。后者可根据助燃空气的含水量来计算。

$$Q_{gf}' = (\Sigma V_{C_mH_n} \cdot n \cdot 0.5 + V_{H_2S} + 0.000124 g_k V_{kf}) \cdot (c_g' t_f' - c_{g0} t_0) \cdots\cdots\cdots (14)$$

式中:

V_{kf}——辐射管加热炉助燃空气的总量,m³;

c_g'—— 0℃至排汽温度间水蒸气的平均比热容,kJ/(m³ · ℃)。

b)　无氧炉和预热区烟气中的水分带出的物理热(Q_{gw}')。

该部分排出的烟气中水分除与辐射管相同的两个来源以外,还有一个来源是保护气体中的氢气燃烧后的产物,其数量可根据保护气体通入量和比例来计算。当然,无氧炉和预热区烟气中水分的数量也可以在废气管道中测量获得。

7.4.4 炉体或管道表面散热(Q'_b)

炉体或管道向外界环境的散热方式有对流和辐射两种,当炉体或管道温度较低时以对流为主,而在高温情况下以辐射为主。

$$Q'_b = \Sigma Q_i \cdot A_i \cdots\cdots\cdots\cdots\cdots\cdots\cdots\cdots\cdots\cdots (15)$$

式中:

Q'_b——炉体或管道表面散热,kJ/h;

Q_i——i 部炉体或管道的热流密度,可用热流量计直接测出;

A_i——i 部炉体或管道的表面积,m²。

若不能直接测出热流密度值时,可以进行理论计算:

$$Q_i = \alpha(t_b - t_0) \cdots\cdots\cdots\cdots\cdots\cdots\cdots\cdots\cdots\cdots (16)$$

式中:

α——散热系数;

t_b——炉体或管道外表温度,℃;

t_0——环境温度,℃。

α 又是对流热系数 α_d 和辐射散热系数 α_r 两者之和。

当散热面朝上时,　　　　　　　　　　$\alpha_d = 11.7(t_b - t_0)^{1/4}$

当散热面朝下时,　　　　　　　　　　$\alpha_d = 6.3(t_b - t_0)^{1/4}$

当散热面垂直时,　　　　　　　　　　$\alpha_d = 9.2(t_b - t_0)^{1/4}$

$$\alpha_r = \frac{20.43\varepsilon}{t_b - t_0}\{[0.01(273 + t_b)]^4 - [0.01(273 + t_0)]^4\} \cdots\cdots\cdots\cdots (17)$$

式中:

ε——炉体或管道表面的黑度。

7.4.5 冷却水带出的热量(Q'_s)

$$Q'_s = q(c_s t'_s - c_{s0} t_0) \cdots\cdots\cdots\cdots\cdots\cdots\cdots\cdots\cdots\cdots (18)$$

式中:

q——冷却水的流量,m³/h;

c_s—— 0℃至冷却水流出温度间水的平均比热容,kJ/(kg·℃);

c_{s0}—— 0℃至冷却水流入温度间水的平均比热容,kJ/(kg·℃)。

7.5 热平衡表

镀锌加热炉热平衡表见附录 B。

7.6 热平衡允许误差

热平衡允许相对误差为±5%,即 $|\Delta Q/\Sigma Q| \times 100\% \leqslant 5\%$。

8 热平衡分析

8.1 热利用效率(η_1)

热利用效率表现了加热炉所消耗的热能被钢带所吸收的比例,它是一座加热炉的综合参数。根据 GB/T 2588 的规定,计算时不考虑钢带带入的能量,以便直接考察能源有效利用程度。

$$\eta_1 = \frac{Q'_w - Q_w}{Q_{rh} + Q_{rw} + Q_d + Q_{H_2}} \times 100\% \cdots\cdots\cdots\cdots\cdots\cdots\cdots\cdots (19)$$

8.2 热能利用系统的总热能利用效率(η_h)

为了鼓励将加热炉排出的烟气所含的热量利用到其他工序,还必须计算加热炉所消耗的热能中被钢带所吸收以及被其他工序利用的比例。

$$\eta_h = \frac{Q'_w - Q_w + Q_t}{Q_{rh} + Q_{rw} + Q_d + Q_{H_2}} \times 100\% \quad \cdots\cdots\cdots\cdots\cdots\cdots\cdots\cdots\cdots\cdots\cdots\cdots\cdots \quad (20)$$

式中：

Q_t——加热炉排出的废气所含的热量利用到其他工序利用部分的总和，kJ/h(t)。

9 吨钢耗热指标(Q^*)

为了便于进行成本的考核分析，可以通过热平衡计算后计算出吨钢耗热指标，包括总体消耗和各个项目的耗热，单位为 MJ/t。

附 录 A

（资料性附录）

设备及生产概况记录表

设备及生产概况记录表见表 A.1。

表 A.1 设备及生产概况记录表

公司：	车间：	机组号：
项 目	单 位	数 值 或 内 容
炉 型	—	
燃料或能源种类	—	
加热炉组成	—	
加热形式	—	
主要产品	—	
过钢量	t/h	
工艺规范	—	
建成日期	—	
最后一次大修日期	—	

附 录 B

（资料性附录）

镀锌加热炉热平衡表

镀锌加热炉热平衡表见表 B.1。

表 B.1 镀锌加热炉热平衡表

炉区	热收入项				热支出项			
	项 目	MJ/h	MJ/t	%	项 目	MJ/h	MJ/t	%
无氧炉区与预热区	钢带带入物理热（Q_w）				钢带带走物理热（Q'_w）			
	燃气燃烧化学热（Q_{rh}）				干烟气带走物理热（Q'_y）			
	燃气带入物理热（Q_{rw}）				烟气中水分带走物理热（Q'_g）			
	助燃干空气带入物理热（Q_k）				炉体表面散热（Q'_b）			
	助燃空气中水分带入物理热（Q_g）				管道表面散热（Q'_{gb}）			
	氢气燃烧化学热（Q_{H_2}）				冷却水带走物理热（Q'_s）			
					其他热损失（Q'_q）			
	热收入小计（Q）				热支出小计（Q'）			
	热利用效率（η_1）							
辐射炉区	钢带带入物理热（Q_w）				钢带带走物理热（Q'_w）			
	燃气燃烧化学热（Q_{rh}）				干烟气带走物理热（Q'_y）			
	燃气带入物理热（Q_{rw}）				烟气中水分带走物理热（Q'_g）			
	助燃干空气带入物理热（Q_k）				炉体表面散热（Q'_{sr}）			
	助燃空气中水分带入物理热（Q_g）				其他热损失（Q'_q）			
	热收入小计（Q）				热支出小计（Q'）			
	热利用效率（η_1）							
整个加热炉	钢带带入物理热（Q_w）				钢带带走物理热（Q'_w）			
	燃气燃烧化学热（Q_{rh}）				干烟气带走物理热（Q'_y）			
	燃气带入物理热（Q_{rw}）				烟气中水分带走物理热（Q'_g）			
	助燃干空气带入物理热（Q_k）				炉体表面散热（Q'_{sr}）			
	助燃空气中水分带入物理热（Q_g）				管道表面散热（Q'_{gsr}）			
	氢气燃烧化学热（Q_{H_2}）				冷却水带走物理热（Q'_s）			
					其他热损失（Q'_q）			
	热收入小计（Q）				热支出小计（Q'）			
	热利用效率（η_1）							

ICS 77_010

H 40

中华人民共和国黑色冶金行业标准

YB/T 4242—2011

钢铁企业轧钢加热炉节能设计技术规范

Technical specification energy saving design for reheating
furnace of steel rolling in iron and steel works

2011-06-15 发布

2011-10-01 实施

中华人民共和国工业和信息化部　发布

前　言

本规范由工业和信息化部节能与综合利用司、中国钢铁工业协会提出。

本规范由全国钢标准化技术委员会归口。

本规范编制单位:北京京诚凤凰工业炉工程技术有限公司、冶金工业信息标准研究院、北京星和众工设备技术股份有限公司。

本规范主要起草人:蒋安家、金纯、仇金辉、许纯刚、杨三堂、吴启明、胡文超、汪为健、贾永军。

钢铁企业轧钢加热炉节能设计技术规范

1 总则

1.1 本规范仅适用连续式轧钢加热炉,不适用间歇式加热炉(如车底式、室式、坑式加热炉)。

1.2 本规范仅涉及到轧钢加热炉设计时应采用的综合节能技术和应达到的单耗指标,全面的设计规范按 GB 50486 执行。

1.3 加热炉设计者须贯彻国家和行业的有关节能方针、政策和法规,根据车间工艺、燃料适用条件,确定采用相应的技术。加热炉设计应满足技术先进、确保产品质量、节能低耗、排放达标、运行安全可靠、生产操作自动化程度高的要求。

1.4 加热炉设计应以节能环保为中心,积极采用国内外的先进技术,包括蓄热燃烧技术、脉冲燃烧技术、汽化冷却技术、低热惰性炉衬、低 NO_x 烧嘴、空煤气预热器等。大力研发具有自主知识产权的低 NO_x 烧嘴、无焰燃烧器、富氧和全氧燃烧器、蓄热式辐射管烧嘴、全纤维炉衬板坯加热炉、全脉冲燃烧控制的步进梁式加热炉等。

1.5 生产厂根据具体情况,制定适合本工艺的供热和温度制度,保证良好的加热质量,获得较低的燃料消耗,降低生产成本。

2 规范性引用文件

下列文件对于本文件的应用是必不可少的。凡是注日期的引用文件,仅所注日期的版本适用于本文件。凡是不注日期的引用文件,其最新版本(包括所有的修改单)适用于本文件。

GB/T 16297—1996 大气污染物排放标准

GB/T 16618 工业炉窑保温技术通则

GB/T 17195 工业炉名词术语

GB 50486 钢铁厂工业炉设计规范

3 术语和定义

GB/T 17195 中确立的以及下列术语和定义适用于本规范。

3.1

热效率 thermal efficiency
钢坯加热所需要的物理热与供入炉内的燃料化学热之比。

3.2

预热器余热回收率 recuperator heat recovery efficiency
空气、煤气预热所需要的物理热与进入预热器前烟气的物理热之比。

3.3

预热器温度效率 recuperator temperature efficiency
(预热空气(或煤气)温度$-20℃$)/(烟气进入预热器的温度$-20℃$)。

3.4

推钢炉管底比 skid hearth rate
炉底纵水管、横水管、立柱裸露在炉膛内的总面积与炉底面积之比。

3.5

炉底强度　furnace hearth intensity

每平方米过钢炉底面积每小时的加热能力,$kg/(m^2 \cdot h)$。

3.6

额定产量　nominal production

标准坯在规定的燃料、装出钢温度条件下,连续生产4小时的平均产量,t/h。

3.7

额定单耗　nominal specific consumption

额定产量下,加热单位重量钢坯到目标温度所需要的燃料化学热,kJ/kg。

3.8

烧损率　scale loss rate

钢坯加热过程中在炉内因氧化而减少的质量占加热前质量的百分比。

3.9

空气过剩系数　combustion air excess rate

燃料燃烧时,实际空气供给量与理论空气需要量之比。

3.10

蓄热式燃烧　regenerative combustion

采用蓄热室作为烟气余热回收装置,燃烧和排烟两种状态交替工作,可将助燃空气和煤气加热到1000℃以上,排烟温度降到200℃以下,如果空气和煤气都预热,称为双蓄热;如果仅单一介质预热,称为单蓄热。

3.11

蓄热式烧嘴　regenerative burner

蓄热式烧嘴是带有蓄热室烟气余热回收装置的烧嘴,配对使用,通过换向实现周期性燃烧。

3.12

炉子利用率　furnace utilization coefficient

一套轧机,配置多座加热炉时,由于装出料的相互干扰,单座加热炉的产量将低于额定产量,能达到的实际产量与额定产量之比称为炉子利用率。

3.13

华白数　Wobbe index

发热指数

燃气的高发热值与其相对密度平方根的比值称为华白数,MJ/m^3。

3.14

燃烧势　combustion potential

燃烧速度指数,该指数大,表明火焰传播速度高,反之则低,与燃气成分有关。

4　轧钢加热炉设计节能综合技术

4.1　炉型选择

4.1.1　加热炉炉型选择应与车间生产规模及轧线工艺设备装备水平相适应。

4.1.2　新建的热轧、中厚板车间应采用步进梁式加热炉。为了利用短料,厚板车间设置一座推钢炉作为补充。有的特厚板车间还设置均热炉和车底炉用于加热钢锭。板坯加热炉尤其是热轧车间加热炉应满足热装的要求。

4.1.3　普钢棒线炉优先选择步进式加热炉,也可以采用推钢炉。坯料厚度大于130mm时,应采用双面加热方式,不宜采用步进底式加热炉。棒线步进炉一般为侧进侧出的悬臂辊道方式,如果坯料宽度(棒材是直径)超过400mm,宜采用端进端出的装出钢机的方式。

4.1.4 特钢棒线炉应采用步进梁式加热炉。

4.1.5 圆坯、管坯加热优先选择环形炉,如果布料允许,也可以采用步进梁式加热炉。

4.1.6 薄板坯连铸连轧保温炉应采用辊底式炉或步进梁式加热炉。

4.2 炉子产量确定

4.2.1 轧钢车间内加热炉总能力的确定应以轧钢工艺提出的年加热坯料量和加热工艺的要求为依据。

4.2.2 热轧和中厚板车间往往是多炉配置,炉子利用率应按表1选取。

表1 多炉配置时炉子利用率表

炉子同时工作座数	座	2	3	4
炉子利用率	—	0.8～0.75	0.75～0.7	0.7～0.65

年工作时间应取6500h。

不应留设供轮流检修用的备用炉。

4.2.3 棒线材车间,炉子产量富裕系数应不小于1.4,设计年工作时间6500h。

4.2.4 轧钢车间热装率大于70%时,不宜按全部冷装时的年平均产量确定炉长,以免余量过大。

4.2.5 环形加热炉需对每种坯料规格计算小时产量和相应的年工作时间,如受设备能力的限制,则应将超过部分的产量降下来。

4.3 炉底强度选择

4.3.1 炉底强度与钢坯的钢种、断面、出钢温度与温差、钢坯初温、各段供热制度和温度制度、炉型有关。应采用合理的炉底强度,高的炉底强度不节能,钢坯断面温差大,过低的炉底强度使炉子加长,增加投资,需要综合考虑多方面的因素。常规燃烧方式加热炉的炉底强度应按表2选择,节能型炉建议采用中下限值。

表2 炉底强度选用表

炉 型	加热方式	轧机	坯料/mm	炉底强度/kg·(m²·h)⁻¹
推钢式	单面加热	小型	50～70方坯	300～400
	全部上下加热	小型	75～100方坯	≤650
步进底式	单面加热	小型	≤130方坯	350～450
步进梁底组合式	部分单面加热 部分上下加热	小型	100～150方坯	400～500
步进梁式	上下加热	小型	>140方坯	500～550
		棒材	坯厚250～350棒材轧机	≤500
		棒材	坯厚>350棒材轧机	450
		热轧	坯厚200～250热轧坯	600～650
		厚板	坯厚250～300厚板坯	550～600
		热轧	300系列不锈钢板坯	460～500
		热轧	400系列不锈钢板坯	500～550
环形炉	上加热	无缝	管坯	250～300

4.3.2 燃高炉煤气的双蓄热炉,炉底强度不应大于常规炉。燃混合煤气的蓄热炉,炉底强度可在表2基础上提高10%～15%。

4.3.3 适当延长不供热预热段的长度,降低炉尾排烟温度,将烟气的热量直接传递给钢坯,有十分明显的节能效果。不供热预热段长度占炉子有效长度的百分比值宜按表3选取。

表3 不供热预热段长度比例表   %

燃烧方式	三段供热时	四段供热时
常规燃烧方式	33～35	20～26
空气单蓄热	18～20	15～18
空气煤气双蓄热	3m	2～3m

4.4 出钢温度

如果被加热钢种和工艺允许,能低温出钢的坯料出钢温度宜控制在温度区间的下限,出钢温度每降低50℃,单位燃料消耗将节省 46kJ/kg～54kJ/kg。

4.5 热装

4.5.1 热装是工序节能的重要措施,只要钢种和工艺允许,应尽可能提高热装温度和热装率。全炉热装时,燃料节约率(与冷装时额定燃料消耗比较)应达到表4的指标。如果坯料冷热混装,加热炉燃料节约率将下降。

表4 热装时燃料节约率表

全部热装温度/℃	400	600	700	800	900
燃料节约率/%	15	28	35	45	53

4.5.2 不宜频繁地冷热混装。宜成批量地热装和冷装,冷坯与热坯间留出空料段,便于炉温控制。有可能的话,宜单设专用热装炉。

4.6 蓄热式燃烧技术

4.6.1 蓄热式燃烧技术是一项在节能和环保方面都具有突出优点的新技术,是节能减排的重要措施,是使用高炉煤气于高温炉上的唯一途径。

4.6.2 蓄热式方式选取应视燃料条件、加热坯料规格与品种的复杂程度而定。

4.6.3 使用天然气和焦炉煤气时,宜采用空气单蓄热;使用混合煤气时,单蓄热和双蓄热都可以;使用低热值的转炉煤气和高炉煤气时,应采用双蓄热。

4.6.4 蓄热式燃烧的炉膛温度调节的灵敏度差,炉温响应速度慢,适用于炉温制度不经常变化,对炉温调节灵敏度要求不高的加热炉。

4.6.5 燃混合煤气的常规炉改造成蓄热炉,应有明显的节能效果,指标应达到表5的水平。

表5 混合煤气蓄热炉与常规炉能耗比较

	空气单蓄热	空气煤气双蓄热
蓄热炉比常规炉能耗节省率/%	9	15

4.7 烟气余热利用

4.7.1 连续加热炉的排烟温度在700℃～850℃之间,设置空气和煤气预热器,充分回收烟气余热是轧钢加热炉最重要的节能措施。

4.7.2 加热炉应设置空气预热器,是否设置煤气预热器需根据加热炉布置条件、用户习惯综合考虑。对于转炉煤气和发生炉煤气的加热炉,应同时设置煤气预热器。空气、煤气预热温度根据排烟温度不同,而稍有差别。非蓄热式炉要求的预热温度水平应按表6选取。

表6 非蓄热式炉空煤气预热温度值

炉 型	空气单预热时预热温度/℃	空煤气双预热时	
		空气预热温度/℃	煤气预热温度/℃
碳素钢板坯加热炉	550 以上	450～500	250～300
不锈钢板坯加热炉	500	450	250
棒材加热炉	500	450	250
线材加热炉	450 以上	400	200～250
环形加热炉	450～500	400	250

4.7.3 煤气预热器的设计温度不宜高于300℃,避免炉子在低负荷工作时,由于煤气预热温度超温,带来不安全因素,煤气洁净度差时,预热温度不宜超过250℃。

4.7.4 预热器的余热回收率按表7选取,应在40%以上。温度效率按表8选取,应在60%以上。

表7 预热器余热回收率   %

废气温度/℃	空气预热温度/℃				
	400	450	500	550	600
700	37	42	47	52	
750		39	44	48	53
800		36	41	45	49
850			38	42	46

表8 预热器温度效率   %

废气温度/℃	空气预热温度/℃				
	400	450	500	550	600
700	56	63	71	78	
750		59	66	73	
800		55	62	68	74
850			58	64	70

注:表7和表8是以低热值8778kJ/m³ 的混合煤气,空气过剩系数1.1时计算的。

4.7.5 有特别需求的情况下,宜在空气预热器或煤气预热器后设置蒸汽过热器,以提高蒸汽品质,进一步降低排烟温度。但需核实在最低排烟温度时的烟囱抽力能否满足要求,保证烟囱能顺畅地自然排烟。

4.7.6 为提高炉子热效率,应尽量提高热风温度,当进入预热器的废气温度不超过850℃时,不宜开启稀释风机;当热风温度不超过550℃时,不宜开启热风放散阀。

4.8 炉底支撑梁汽化冷却和其他水冷部件

4.8.1 大中型步进梁式加热炉、推钢炉应采用汽化冷却,所产生的蒸汽纳入管网,得到有效利用。产量小于100t/h的步进梁式加热炉由于产汽量较少,而强制循环汽化冷却系统投资较大,宜采用水冷。
    对于高温硅钢加热炉,炉底管宜采用水冷。

4.8.2 优化推钢炉炉底管设计,尽可能减少裸露在炉膛内的面积,控制管底比,对于中型坯,管底比应取0.3～0.45以下,对于坯料为钢锭时,管底比应不大于0.55。

4.8.3 正常生产时,步进梁式板坯加热炉产汽量为30kg/t～40kg/t 钢坯,小方坯加热炉为20kg/t～30kg/t 钢坯。推钢炉由于水梁绝热层容易脱落,产汽量40kg/t～60kg/t 钢坯。

4.8.4 其他炉内水冷部件应绝热包扎,在温升允许条件下,尽量减少用水量。

4.8.5 炉内出料悬臂辊道宜采用轴芯水冷方式,进料悬臂辊道宜采用水冷辊面方式。

4.8.6 板坯步进梁式加热炉水梁和其他水冷部件的总热损失不应超过热支出总量的9%,小方坯步进梁式加热炉不应超过8%。

4.9 低空气过剩系数

空气过剩系数大,将造成氧化烧损和热耗增大。加热炉均热段的空气过剩系数应不大于1.1,炉尾含氧量检测残氧含量在2.5%以下(对混合煤气而言,相当于空气过剩系数1.2左右)。不锈钢加热炉由于考虑除渣容易,炉尾残氧含量应不大于5%。

热轧板坯炉,冷装,热值8778kJ/m³混合煤气,空气过剩系数与额定单耗的关系应按表9选取。

表9 空气过剩系数与额定单耗的关系

空气过剩系数	1.1	1.2	1.3	1.4
单位燃耗/(kJ/kg)	1338	1367	1392	1421
与过剩系数1.1比较,增加的百分比/%	基准	2.2	4.1	6.3

4.10 加强炉体和管道绝热

4.10.1 加强炉体绝热,改善操作环境,炉体各部位根据不同接触面温度选择多层复合材料组成,绝热后的炉墙外表面设计温度应符合表10的规定。

表10 加热炉炉体外表面温度标准(大气温度20℃)

炉内温度/℃	外表面温度/℃	
	侧 墙	炉 顶
900	≤80	≤90
1100	≤95	≤105
1300	≤105	≤120

4.10.2 推荐采用低热惰性材料作为加热炉内衬,尤其采用高温纤维模块组成的炉顶、炉墙,可大大减少蓄热和散热损失,提高炉内温度,提高炉子升降温速度,缩短停开炉时间。

是否采用纤维模块炉顶和炉墙需要作经济比较,还应从使用寿命、维修难易程度等综合作出评价而决定。

4.10.3 加热炉的工作层应采用不定型耐火材料,尽量不使用耐火砖,以增强炉体严密性。

4.10.4 加热炉内衬可粘贴纤维毯或模块,以降低外壁温度,减少散热损失。

4.10.5 热风和热煤气管道应绝热,管道绝热应符合GB/T 16618的规定。热风管外壁温度设计值应不大于80℃。

4.11 燃烧设备和控制

4.11.1 根据燃料种类、炉型而选择合适的烧嘴,使其在正常工作范围内具有良好的火焰特性,保证钢坯的均匀加热及低NO_x排放。

4.11.2 对于同一烧嘴使用不同燃料时,必须注意不同燃料的华白数和燃烧势应接近,如果相差较大,则不能共用。

4.11.3 烧嘴产生的NO_x浓度应符合GB 16297—1996中表2的规定,根据总的排放量确定烟囱高度,应不低于二级标准。

4.11.4 加热炉上常用烧嘴的NO_x生成量应满足如下要求(废气中含氧量为3%的计算条件下):

平焰烧嘴　　　$< 140 \times 10^{-6}$

调焰烧嘴 $<140\times10^{-6}$

蓄热烧嘴 $<130\times10^{-6}$

4.11.5 脉冲控制燃烧技术适应热负荷的变化,调节灵活,有利于钢坯温度的均匀。对产量变化大、物料规格多且变换频繁、热装的加热炉,宜全炉或局部采用脉冲方式。

4.12 自动化设备

所有炉子均应有完整的基础自动化设备。板坯加热炉、环形炉、特殊钢方坯炉还应配置二级控制设备,除加热模型外,必要时还应有氧化和脱碳模型,以便预知、控制和实现要求的加热质量。

一般棒线步进炉应预留二级接口。

加热炉基础自动化和二级控制系统,均应有轧机延误对策设置。无论是已知延误或是未知延误,控制系统将自动识别并转入延误对策程序,避免浪费燃料、减少氧化烧损和防止钢坯过烧。

4.13 炉体严密性

4.13.1 炉体应少设或不设窥视孔,尽可能减少炉门的数量和开口面积,炉门密封性要好,开关灵活。检修门须干砌,并改进进孔洞处的绝热结构,防止门孔周边过热。

4.13.2 应控制炉内为微正压(3Pa~5Pa),端进端出炉门启闭需与烟道闸门联锁,仪表控制上设置反馈,减少吸冷风和炉气溢出。炉压过大,不仅增加热损失,而且降低炉衬寿命。

4.14 额定单耗

4.14.1 额定单耗与钢坯加热目标温度、加热工艺、加热质量、产量、燃料种类、炉型有关。

冷装条件下,燃料热值为8778kJ/m³的混合煤气,额定产量下的常规炉额定单耗应按表11执行。

表11 常规炉额定单耗指标

轧 机	出钢温度/℃	额定单耗/(GJ/t)	炉子热效率/%
线材轧机	1100	1.21	62
棒材轧机	1200	1.34	61
热 轧	1200	1.34	61
厚 板	1200	1.38	60
管 坯	1250	1.46	58

4.14.2 如果使用的燃料热值与设计热值有差别,即热值增加或减小,将引起烟气量减小或增加,导致单耗减小或增加,其变化幅度宜按表12修正。

表12 燃料热值变化对单耗的影响

项 目	钢坯加热温度/℃	
	1250	1100
2100×4.18kJ/m³ 混合煤气	为基准	为基准
1800×4.18kJ/m³ 混合煤气	增加2.6%	增加2.1%
4130×4.18kJ/m³ 焦炉煤气	减小7.8%	减小6.5%
8430×4.18kJ/m³ 天然气	减小7.5%	减小6.1%

ICS 77_010

H 40

中华人民共和国黑色冶金行业标准

YB/T 4243—2011

钢铁企业冷轧板带热处理线和涂镀线
工业炉环保节能设计技术规范

Technical specification of energy saving and environmental
protection design for industrial furnace of cold rolling strip
CAL and CGL and CCL line in iron and steel works

2011-06-15 发布

2011-10-01 实施

中华人民共和国工业和信息化部　　发布

前　　言

本规范由工业和信息化部节能与综合利用司和中国钢铁工业协会提出。

本规范由全国钢标准化技术委员会归口。

本规范起草单位：北京京诚凤凰工业炉工程技术有限公司、冶金工业信息标准研究院、北京星和众工设备技术股份有限公司。

本规范主要起草人：李焰、金纯、蒋安家、仇金辉、胡文超、吴永红、梁师帅、裴宏江、陆峥、李跃军、贾永军、汪为健。

钢铁企业冷轧板带热处理线和涂镀线工业炉
环保节能设计技术规范

1 总则

1.1 为在设计环节进一步提高钢铁企业冷轧带钢热处理线和涂镀线工业炉节能环保技术水平,降低能耗、减少污染排放,进一步规范市场,制定本规范。

1.2 本规范适用于新建、改建和扩建的钢铁企业冷轧带钢热处理线和涂镀线工业炉设计。包括碳钢连续退火线上的连续热处理炉、热镀锌线上的连续退火炉、彩涂线上的固化炉和焚烧炉。

1.3 钢铁企业板带热处理线和涂镀线上的工业炉是该工序的重要耗能和废气排放设备,从技术上提高这些工业炉的节能和环保水平有利于落实国家节能减排目标,实现可持续发展,保护生态环境。

1.4 工业炉设计在满足工艺要求基础上应尽最大可能做到节能和环保。

1.5 本规范对板带热处理线和涂镀线上的工业炉设计时应采取的节能、环保技术措施和应达到的水平做了具体规定。

1.6 本规范不涉及生产工艺、运行操作、设备维护方面内容。

1.7 本规范中各炉型适用燃料全部为气体燃料,不适合使用液体和固体燃料。使用的煤气质量不应低于 GB 50486 要求(热值允许波动范围±5%,压力允许波动范围±5%,含尘不大于 $20\mathrm{mg/m^3}$)。为适应炉子工艺和设备需要,对煤气杂质含量还有更严格的要求。

2 规范性引用文件

下列文件对于本文件的应用是必不可少的。凡是注日期的引用文件,仅所注日期的版本适用于本文件。凡是不注日期的引用文件,其最新版本(包括所有的修改单)适用于本文件。

GB 50486 钢铁厂工业炉设计规范

3 术语和定义

下列术语和定义适用于本规范。

3.1
代表规格 reference strip
用于工业炉性能考核的带钢品种、规格等条件。由买卖双方在合同(或协议)中规定。

3.2
额定产量 nominal production
代表规格带钢在规定的作业线速度和工艺条件下稳定生产时的产量。

3.3
额定单耗 nominal specific consumption
额定产量时单位产量下向燃料炉内供入燃料的化学能或电热炉的电能。以 MJ/t(钢)计。

3.4
标准状态 standard state
气体在温度为273.15K,压力为101.325kPa时的状态。

4 一般规定

4.1 连续退火线包括普通冷轧产品的退火线和镀锡基板的退火线。由于速度高、产量大,连续退火炉一般都采用立式炉。由(预热段)、加热段、保温段、缓冷段、快冷段、(再加热段)、过时效段、终冷段、水淬、干燥等部分组成。

注：上述括号内的设备在有些生产线上可能没有。

4.2 热镀锌线上的连续退火炉分类：从炉型可分为卧式炉、立式炉、L型炉。从热源可分为燃气加热、电加热。从加热形式可分为带明火加热的火焰直接加热方式和全辐射管间接加热方式。

4.3 热镀锌线工业炉设备包括炉子本体和镀后冷却两部分。炉子由(预热段)、加热段、保温段、冷却段、(均衡段)、出口段、鼻子等部分组成。镀后冷却设备由空气冷却、水淬、干燥等部分组成。

注：上述括号内的设备在有些生产线上可能没有。

4.4 彩涂线的工业炉包括固化炉、焚烧炉。固化炉分为燃气加热和电加热；燃气加热又分为烟气直接入炉与带钢接触的直接加热方式和烟气不直接入炉的间接加热方式；炉内带钢支撑形式分为悬垂式和悬浮式。焚烧炉分为燃气焚烧和化学焚烧。

4.5 连续退火炉的燃料消耗发生在加热段和保温段。电消耗发生在风机、电加热、带钢传输等处。冷却水消耗发生在冷却段换热器、水淬换热器、设备冷却等处。保护气消耗包括工艺保护气和吹扫气。电加热的耗电量、冷却风机的耗电量是炉子耗电的主体部分，它们随各生产厂采用生产工艺不同而有很大差异。保护气耗量随工艺和产品不同而有很大差异。冷却水耗量与生产厂水质、水温条件关系很大。因此本规范重点规定燃料消耗水平，并提出保护气消耗参考值。

4.6 本规范中的焚烧炉仅涉及燃气焚烧类。

5 连续退火炉

5.1 概述

连续退火炉除特别说明者外均涵盖连退线和镀锌线上的连续退火炉。

退火炉加热段保温段的燃料消耗指标仅针对燃煤气方式，没有考虑电加热方式。

5.2 生产能力和品种

5.2.1 退火炉生产能力指标的选定要合适，不宜留有太大富裕量。炉子按照最大产量工况配置设备，在额定产量工况下进行考核。如果实际运行时长期处于低负荷状态将大大增加单位能耗值。

5.2.2 退火炉设备的加热能力按CQ产品设计，其余产品如深冲钢、高强钢等的生产能力均在已确定设备条件下核算。

5.2.3 根据产品大纲和各品种规格生产能力计算出的炉子年作业时间应与要求的年作业时间相符，不宜留有太大富裕量。建议年作业时间6200h～6600h。

5.2.4 产品中有汽车板、高强钢的炉子设备配置水平要提高很多，电的装机容量要大幅度提高。新建项目确定产品种类时应切合实际，不宜过分预留高档产品生产能力，造成运行能耗的增加和投资增加。

5.3 炉型选择

5.3.1 退火炉炉型选择要综合考虑工艺效果、节能、投资、运行、经济效益等多因素，必须对节能问题给予充分重视。

5.3.2 由于相对散热面积大，同等条件下的卧式炉比立式炉燃料消耗高。带无氧化加热的卧式炉由于有水冷辊热损失，单耗有所增加。但立式无氧化炉没有水冷辊热损失。

5.3.3 卧式炉具有投资少(炉子投资和厂房投资)、操作简便的显著优势，小规模的线宜采用卧式炉。一般速度高产量大的线应采用立式炉，边缘条件下从节能角度考虑采用立式炉更有利，尤其是建筑板生产线采用立式明火加热无氧化炉更合理。

5.4 加热方式选择

5.4.1 明火加热的无氧化炉比间接加热的全辐射管炉热效率高，而且由于减少了对线上清洗的需求，全线综合节能效果显著。高档汽车板生产线由于对表面质量要求严格一般应采用全辐射管炉，建筑板生产线采用明火加热方式更经济合理。

5.4.2 退火炉加热段有火焰加热和电加热两种供热形式。就炉子本身而言电加热的热效率更高。但电属于二次能源,热电厂发电的平均热效率约为 35%。因此在对比火焰加热和电加热的热效率时应将退火炉电加热的热效率再乘以 35%后进行比较。这样一来火焰加热的热效率往往要高于电加热,从节能角度考虑火焰炉更合理。

5.5 加热设备

5.5.1 连续退火炉上的辐射管加热设备由烧嘴、辐射管、换热器组成。按照换热方式可分为出口换热式、自身预热式、蓄热式。

5.5.2 出口换热式对应有 U 型辐射管和 W 型辐射管,配备普通辐射管烧嘴,辐射管出口端设有换热器,空气预热温度最高 550℃。

5.5.3 自身预热式烧嘴与 I 型、P 型或双 P 型辐射管配合使用,空气预热温度更高。热效率高于出口换热式。

5.5.4 蓄热式烧嘴与 U 型辐射管配合使用,有单烧嘴换向式和双烧嘴换向式,空气预热温度最高,热效率最高。

5.5.5 从节能角度考虑,自身预热式优于出口换热式,而蓄热式又优于自身预热式。但选择时还要结合燃料条件、辐射管成本、烧嘴成本、控制效果、安全性等因素综合考虑。

5.6 空气过剩系数

5.6.1 明火加热时的空燃比与产品质量密切相关,应以满足产品质量为主要目标,保证炉内还原性气氛。

5.6.2 辐射管烧嘴的空燃比与燃料消耗有关,不宜过大或过小。应采用合理的助燃空气供给系统和空燃比自动控制系统。

5.6.3 明火加热无氧化炉的空气过剩系数宜为 0.94~0.98,辐射管炉的空气过剩系数宜为 1.15~1.25。

5.7 燃烧控制

燃烧控制方式可分为比例调节和脉冲调节。脉冲调节由于烧嘴始终在额定能力下工作,燃烧状态好,节能效果好。从节能角度考虑脉冲燃烧方式更合理。

5.8 预热段

5.8.1 明火加热的无氧化炉应设预热段,利用高温烟气预热带钢,提高热利用率。

5.8.2 采用 U 型辐射管、W 型辐射管的全辐射管立式炉应设预热段,用出炉烟气余热加热保护气,用热保护气预热带钢,可降低烟气排放温度,降低炉子燃料消耗。

5.8.3 采用 P 型辐射管、双 P 型辐射管的炉子不需要预热段。采用蓄热式烧嘴的炉子不需要预热段。

5.9 烟气余热回收

5.9.1 不论是明火加热还是辐射管加热方式,烟气余热应首先用来加热助燃空气。助燃空气预热温度应不小于 400℃。

5.9.2 有预热段的全辐射管炉烟气离开助燃空气换热器后进入保护气换热器,对预热段的循环喷吹保护气进行加热,进一步回收烟气余热。

5.9.3 退火炉应在预热段换热器后(全辐射管炉型)或 NOF 换热器后(带明火加热的炉型)设余热锅炉,对烟气余热进一步回收利用,产生的过热水或蒸汽供线上清洗段和干燥器使用,提高综合节能效果。

5.9.4 正常生产且余热锅炉正常运行时的设计最终排烟温度(排除排烟机前兑冷风因素)应不大于300℃。

5.10 绝热措施

5.10.1 退火炉应采用绝热效果良好的炉衬结构,减少散热损失。

5.10.2 炉壁温度应满足表 1 所规定的值。

表1 炉体外表面允许最高温度

炉内温度/℃	炉壁温度/℃	
	侧 墙	炉 顶
750	60	80
950	80	90
1250	95	105

注:1. 检测点距热短路点 500mm 以上,且避开锚固钉位置。
　　2. 表中数值为环境温度 20℃时正常工作的炉子外表面温度。

5.10.3　所有热风管道、烟气管道都要采取绝热包扎或内衬,减少散热损失、保障安全。热的烧嘴本体和换热器也应采取绝热措施。

5.10.4　退火炉炉衬应选择蓄热量小的绝热材料,减小热惰性,降低工况变化期间的燃料消耗。

5.11　冷却水

5.11.1　生产厂的外部公辅系统应该配备炉子冷却水循环、冷却、净化设备,实现炉子冷却水的循环使用,最大限度节省水资源。

5.11.2　对于冷却水品质不理想的生产厂,炉辊、仪表等设备冷却用水宜采用高品质冷却水闭路循环系统,提高冷却水利用率,提高设备运行水平。

5.12　仪表控制

5.12.1　连续退火炉的仪表系统应采用功能完善的一级计算机自动控制。对加热过程、冷却过程按人工设定值进行自动控制,并具备相应的安全联锁功能。保障炉子运行状态,实现节能和提高产量、产品质量。

5.12.2　退火炉应采用二级计算机控制,优化炉子运行水平,进一步节能和提高产量、产品质量。

5.13　能源消耗指标

5.13.1　退火炉能源消耗指标是指 CQ 级代表规格在额定产量下正常生产时的数值。

5.13.2　退火炉的加热段、保温段吨钢产量燃料消耗指标见表2。

表2 退火炉煤气单耗

生产线种类	炉 型	燃料单耗/(MJ/t)	
		平均先进指标	先进指标
连退线	立式炉	870	795
热镀锌线	立式炉	855	755
	卧式炉	900	795

注:1. 表中参数适用于全辐射管退火炉和带明火加热的退火炉。
　　2. 表中参数针对天然气、液化石油气、焦炉煤气等高热值煤气。如果采用高焦混合煤气等低热值煤气则对应的单耗值应乘以 1.08 系数。

5.13.3　退火炉的保护气消耗指标见表3。其中包括工艺保护气和密封气。工艺保护气为氮氢混合气,密封气为氮气。表中参数按全辐射管加热,保护气含 H_2 比例≤5%考虑。

表3 连续退火炉保护气单耗

生产线种类	氢气/(m^3/t)	氮气/(m^3/t)
连退线	0.7～1.6	10～20
热镀锌线	0.6～0.9	9～15

6 彩涂线工业炉

6.1 固化炉炉型

6.1.1 悬浮式炉靠强制喷吹的空气形成浮力支撑炉内带钢,炉长不受限制,但耗电量很大。悬垂式炉带钢在炉内自然悬垂,不需要为带钢支撑额外消耗电力,但炉长受到一定限制。目前常见的彩涂线生产能力范围内,悬垂式炉在技术上基本是可行的。从节能角度考虑宜优先选择悬垂式炉。

6.1.2 固化炉有煤气加热和电加热两种加热方式。考虑到发电环节的能耗,火焰加热的热效率高于电加热,从节能角度考虑火焰炉更合理。

6.1.3 煤气加热的固化炉有烟气入炉接触带钢的直接加热式和靠换热器、辐射管加热入炉热风的间接加热式两种形式。直接加热方式热效率高,但燃料条件受限制。以天然气、液化石油气为燃料时可以采用直接加热方式。燃料中含有焦炉煤气时不能采用直接加热方式。当燃料条件允许时宜采用直接加热方式,以降低燃料消耗。

6.2 焚烧炉

6.2.1 焚烧炉的烟道里应设置送焚烧气体换热器,对焚烧前的固化炉排气进行预热,降低焚烧炉燃料消耗。

6.2.2 焚烧炉的烟道里应设置空气换热器,对即将进入固化炉的空气进行预热。对于间接加热式固化炉,该换热器回收的热量将成为固化炉主要热源。对于直接加热式固化炉,该部分热风将作为固化炉的补充新风,可降低固化炉燃料消耗。最终排烟温度不应高于250℃,如果上述2台换热器尚不能满足排烟温度要求,可进一步考虑热水换热器继续回收烟气余热。

6.2.3 化涂烘干炉使用的热风也应来自焚烧炉后的空气换热器,不再另外消耗能源。

6.3 绝热措施

6.3.1 固化炉和焚烧炉应采用绝热效果良好的炉衬结构,减少散热损失。

6.3.2 炉壁温度应满足表4的规定。

表4 炉体外表面允许最高温度

炉内温度/℃	炉壁温度/℃	
	侧 墙	炉 顶
＜500	50	70
700～900	80	90

注:1.检测点距热短路点500mm以上。
　　2.表中数值为环境温度20℃时,正常工作的炉子外表面温度。

6.3.3 所有热气体管道、烟气管道都要采取绝热包扎或内衬,以降低热损失、保障安全。热的烧嘴本体和焚烧炉后的换热器也要采取绝热措施。

6.4 仪表控制

6.4.1 固化炉、焚烧炉的仪表系统应采用一级计算机自动控制。对热工过程按人工设定值进行自动控制,并具备相应的安全联锁功能。提高炉子运行水平,实现节能和提高产量、产品质量。

6.4.2 有条件的地方应尽可能采用固化炉和焚烧炉二级计算机控制,优化炉子运行水平,进一步节能和提高产量、产品质量。

6.5 能源消耗指标

6.5.1 消耗指标是两涂两烘悬垂式固化炉、燃煤气焚烧炉系统在额定产量下的消耗值。消耗水平随涂料种类、生产工艺的不同而有所差异。

6.5.2 固化炉焚烧炉系统吨钢产量煤气消耗指标见表5。

表5 固化炉焚烧炉系统燃料单耗

项　　目	燃料单耗/(MJ/t)
取值范围	450～550

6.5.3 采用三涂三烘工艺的彩涂线线上一般设3座相同的固化炉,生产时可以采用两涂两烘工艺也可采用三涂三烘工艺。固化炉焚烧炉系统的燃料单耗仍按两涂两烘工艺时考虑,采用表5中的数值。

7 环保

7.1 概述

工业炉废气污染源主要监控项目包括二氧化硫、氮氧化物(以 NO_2 计)、颗粒物;处理设施及措施为高烟囱排放或其他处理方式。

本规范涉及的炉型燃料均为煤气,对煤气的品质见1.6条。煤气中的颗粒物含量极少,可不监控。这些炉型对煤气中的硫及其化合物都有比较严格的要求,因此烟气中的 SO_2 含量极少,可不监控。需要监控的项目是氮氧化物(以 NO_2 计)。

彩涂线固化炉的排气进入焚烧炉焚烧,然后经焚烧炉烟囱排放。焚烧后的残余有机溶剂含量需要监控。

噪声主要来自各种风机。

7.2 氮氧化物排放

7.2.1 综合说明

7.2.1.1 本规范规定的排放浓度均指标准状态下干烟气中的值。

7.2.1.2 烟气中的 NO_x 含量除与退火炉燃烧设备水平有关外,还与煤气纯净度密切相关。对于含焦炉煤气的燃料,要限制含杂质 S、NH_3、HCN 含量。

7.2.2 最高允许排放浓度

氮氧化物的最高允许排放浓度为 $240mg/m^3$。

7.2.3 最高允许排放速率

氮氧化物的最高允许排放速率见表6。

表6 氮氧化物最高允许排放速率

烟囱高度/m	15	20	30	40	50	60	70	80	90	100
二级,kg/h	0.77	1.3	4.4	7.5	12	16	23	31	40	52
三级,kg/h	1.2	2.0	6.6	11	18	25	35	47	61	78

7.3 彩涂线炉子排气污染控制

7.3.1 来自固化炉的有机溶剂应送焚烧炉进行焚烧净化,然后经烟囱排放。要求净化效率不小于95%。

7.3.2 焚烧净化效果主要取决于焚烧炉的温度和送焚烧气体在炉内滞留时间。焚烧温度应不小于760℃,滞留时间应不小于0.7s。

7.3.3 固化炉和焚烧炉燃烧产生的氮氧化物排放应满足7.2.2和7.2.3项的规定。

7.4 烟囱

7.4.1 烟囱高度除应满足表6所列的排放速率要求外还应满足下列条件。

7.4.2 烟囱最低允许高度为15m。

7.4.3 烟囱出口应高出周围半径200m距离内最高建筑物3m以上。

7.4.4 如果烟囱高度不能满足7.4.2、7.4.3规定,相应的允许排放速率标准值按50%执行。

7.4.5 烟囱应设置永久采样、监测孔和采样监测平台。

7.5 噪声

7.5.1 本规范涉及的噪声主要来自风机。限制噪声的目的是减少对人身的伤害。

7.5.2 工作地风机噪声见表7。生产性噪声传播至非噪声作业地点的噪声声级卫生限制不应超过表8的规定。

表7 工作地点噪声声级的卫生限值

日接触噪声时间/h	卫生限值/dB(A)
8	85
4	88
2	91
1	94
1/2	97
1/4	100
1/8	103
最高不得超过115dB(A)	

表8 非噪声工作地点噪声声级的卫生限值

地点名称	卫生限值/dB(A)	工效限值/dB(A)
噪声车间办公室	75	
非噪声车间办公室	60	不得超过55
会议室	60	
计算机室、精密加工室	70	

7.5.3 各种周边环境下设备在厂界所造成的噪声不应超过表9的规定。

表9 各类厂界噪声标准值 等效声级　　　　　　　　dB(A)

类别	昼间	夜间
Ⅰ	55	45
Ⅱ	60	50
Ⅲ	65	55
Ⅳ	70	55

各类别适用范围划定:

Ⅰ类　　适用于以居住、文教机关为主的区域。

Ⅱ类　　适用于居住、商业、工业混杂区及商业中心区。

Ⅲ类　　适用于工业区。

Ⅳ类　　适用于交通干线道路两侧区域。

7.5.4　如果风机噪声不能满足上述要求，应采取有效措施降低噪声，直至满足要求。

ICS 77. 140. 99
H 04

中华人民共和国黑色冶金行业标准

YB/T 4254—2012

烧结冷却系统余热回收利用技术规范

Technical specifications for waste heat recycling of
sintering cooling system

2012-05-24 发布

2012-11-01 实施

中华人民共和国工业和信息化部　发布

目　次

前　言

本标准由中国钢铁工业协会提出。

本标准由全国钢标准化技术委员会归口。

本标准起草单位：冶金工业信息标准研究院、济钢集团国际工程技术有限公司、南京钢铁股份有限公司、北京信力筑正新能源技术有限公司、马鞍山钢铁股份有限公司、北京首钢国际工程技术公司、首钢总公司。

本标准主要起草人：黄伟、冯超、李大伟、苏亚红、李博、杨昭平、陈广言、戚云峰、栾元迪、张全申、封雷迅、赵勇。

本标准为首次发布。

烧结冷却系统余热回收利用技术规范

1 总则

1.1 为保护和改善生态环境和生活环境,促进钢铁标准节能减排,充分回收烧结冷却系统废气余热,减少废气对大气的污染,提高余热利用效率,特制定本标准。

1.2 本标准适用于钢铁工业新建、扩建和改建烧结冷却系统余热回收利用项目的设计、施工、运行、验收等过程。

1.3 钢铁工业烧结厂余热资源主要包括:烧结烟气余热、烧结机尾废气余热及烧结冷却系统余热。本标准适用于烧结冷却系统余热的回收利用。

1.4 新建烧结厂冷却系统余热回收利用设施应与主体工程同时规划、同时设计、同时施工。对已投产并不属于国家规定近期淘汰的烧结机,应根据生产规模、建设条件制定余热回收利用改造方案。

1.5 烧结冷却系统余热回收利用方案的选择应根据工程环境、建设条件,通过方案比选后确定。

1.6 本标准规定了烧结余热回收利用的一般要求和参数选择的原则要求。

1.7 烧结冷却系统余热回收利用工程建设与管理除应遵循本标准外,还应符合国家现行有关法规、标准和规范的规定。

2 规范性引用文件

下列文件对于本标准的应用是必不可少的。凡是注日期的引用文件,仅所注日期的版本适用于本标准。凡是不注日期的引用文件,其最新版本(包括所有的修改单)适用于本标准。

GB 50126 工业设备及管道绝热工程施工及验收规范

GB 50231 机械设备安装工程施工及验收通用规范

GB 50235 工业金属管道工程施工及验收规范

GB 50236 现场设备、工业管道焊接工程施工及验收规范

GB 50264 工业设备及管道绝热工程设计规范

GB 50275 压缩机、风机、泵安装工程施工及验收规范

GB 50408 烧结厂设计规范

3 术语和定义

下列术语和定义适用于本标准。

3.1

烧结冷却系统余热 waste heat of sintering cooling system

烧结矿冷却过程中与气体热交换产生的废气所含的热。

3.2

余热锅炉 waste heat boiler

以余热为热源生产蒸汽或热水的装置。

3.3

余热蒸汽 waste heat steam

烧结冷却系统热废气进入余热锅炉产生的蒸汽。

3.4

余热发电 waste heat generation

余热锅炉产生的蒸汽推动汽轮发电机组工作的过程。

3.5

余热水 waste heat water

利用烧结冷却系统热废气,通过热交换产生的热水。

3.6

热风点火 hot gas ignition

将烧结冷却系统热废气引入烧结机点火保温炉,用做烧结点火的助燃风和保温段烧结的高温助燃风。

3.7

余热加热混合料 waste heat warming mixture

利用余热蒸汽、余热水等对烧结前的混合料加热。

3.8

开路流程 open circuit

烧结冷却系统热废气经余热锅炉充分换热后直接排空的过程。

3.9

闭路流程 closed circuit

烧结冷却系统热废气经余热锅炉充分换热后,替代部分空气冷却烧结矿的过程。

4 原理与流程

4.1 余热回收

以烧结矿在冷却机的输入、输出口位置为起止点,在烧结矿输入、输出温差内,将冷却机的有效面积分为不同温度的冷却区间,在各自冷却区间内通过风机建立独立的有压势力差的气体流场,气体从慢匀速运动的热烧结矿中吸收热量、升温后变为热废气。按照热废气利用的不同温度要求,建立三个场区:

    a) 高温废气:热废气温度≥300℃;

    b) 中温废气:200℃≤热废气温度<300℃;

    c) 低温废气:热废气温度<200℃。

4.2 余热利用

4.2.1 高温废气

4.2.1.1 直接利用

将收集的高温废气用作预热混合料、烧结热风点火、热风烧结、原料解冻等。

4.2.1.2 间接利用

利用风机将收集的高温废气引至余热锅炉,将废气热能转换为蒸汽热能,充分热交换后的废气温度降至160℃以下后排出余热锅炉。排出余热锅炉后的废气按流向分为开路流程和闭路流程。余热锅炉产生的蒸汽主要有以下几种利用方式:

    a) 余热加热混合料;

    b) 发电;

    c) 并网;

    d) 向特定用户供汽;

    e) 其他。

4.2.2 中温废气

4.2.2.1 直接利用

将收集的中温废气用作预热混合料、烧结热风点火、热风烧结、原料解冻等。

4.2.2.2 间接利用

利用风机将收集的中温废气引至热交换装置,生产余热水或蒸汽,用作余热加热混合料或向特定用户供应。

4.2.3 低温废气

低温废气主要有以下利用方式:

  a) 用全部或部分低温废气替代部分空气冷却烧结矿;

  b) 用全部或部分低温废气替代部分空气作为烧结用风;

  c) 其他。

4.3 流程

4.3.1 工艺流程的选择应根据烧结机规模、烧结冷却系统设备运行状态、结合实际因地制宜,并经过方案比选后确定。本标准推荐采用以余热发电为主的工艺流程。

4.3.2 当采用以热风烧结为主的流程时,应进行系统阻力平衡计算,使烧结机台车料面处于微负压状态。

4.3.3 以余热发电为主的流程见图 1。

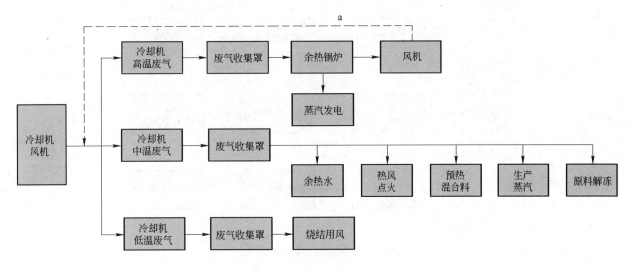

 a 闭路流程。

图 1　余热发电为主的流程

4.3.4 以生产蒸汽为主的流程见图 2。

4.3.5 以热风烧结为主的流程见图 3。

5　技术要求

5.1　一般要求

5.1.1 烧结冷却系统余热回收利用应保证不影响烧结系统的正常生产运行。工艺流程布置中要考虑多种旁通支路和多种工况条件下切换的灵活性,减少因余热回收利用系统故障对烧结系统生产的影响。

5.1.2 烧结冷却系统余热回收利用应核实烧结矿实际热源的有关情况:

  a) 冷却机烧结矿处理量;

  b) 冷却机烧结矿平均入料温度;

  c) 冷却机烧结矿平均出料温度。

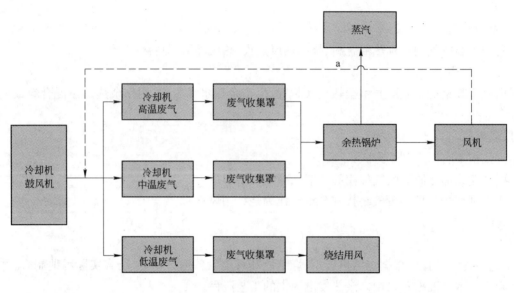

a闭路流程

图 2　生产蒸汽为主的流程

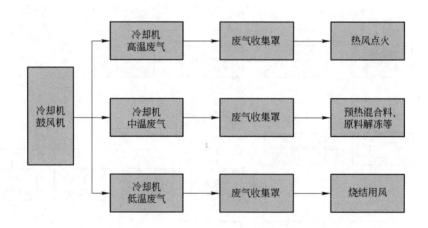

图 3　热风烧结为主的流程

5.1.3　烧结冷却系统余热回收利用设施建设位置应选择在冷却机附近,并充分考虑地形、工程地质、气象等条件。

5.1.4　高温废气应进行余热回收利用,中温废气、低温废气可选择性回收利用,但烧结冷却系统余热回收率应不低于50%,冷却机废气排放面积不高于全部冷却面积的50%。

5.1.5　如烧结冷却系统余热生产蒸汽或发电,工艺流程宜采用闭路流程。

5.1.6　如烧结冷却系统余热进行发电,冷却机废气混合温度应不低于300℃;单台余热发电机组装机容量应不小于3000kW;对规模较小的烧结机,宜选择2台以上(含2台)进行合并发电。

5.1.7　余热回收利用系统各工艺设备自身特性应符合国家现行环保标准、节能法规的规定。

5.1.8　各级温度场区回收废气的输送能力总和,应等于或略大于冷却机的对应最高废气生产能力。各工艺环节之间装备容量能力平衡,下游的设备能力不应低于上游能力。

5.1.9　余热回收利用系统与烧结主体工艺在控制上应有联锁、解锁及信息交换功能,对烧结主体工艺顺行的影响度可控、可调。

5.1.10　余热回收利用系统内各工艺环节应有联锁和解锁功能,对自身的安全、经济运行可控、可调。

5.1.11 按烧结主体工艺顺行和余热回收利用系统安全、经济、稳定运行的需要,确定下列内容:

    a) 旁路管阀及其切换装置控制方式;

    b) 连通管阀及其关、停和流量控制方式;

    c) 管道阀门及其受控调节方式;

    d) 风机配套电机的控制方式;

    e) 烧结主体工艺的操作方式。

5.1.12 余热回收利用系统的余热锅炉、热交换装置、汽轮发电机组(含并网)及辅助设施应符合国家现行法规、标准和规范。

5.2 废气收集罩

5.2.1 废气收集罩结构形式应按收集废气的区域、废气流量、废气温度综合确定,各温度场区之间应设隔断,罩体宜采用组合式,罩体间连接应设置膨胀装置。

5.2.2 罩内空间高度及废气出口的空间位置应有利于废气的收集及流动。

5.2.3 罩体材料应考虑耐热性。

5.2.4 罩体表面设保温,在连续运行条件下,罩体外表面温度不宜超过 60℃。

5.2.5 罩体应满足在极端温度条件下整体变形均匀,不发生集中变形破坏。

5.2.6 罩体施工及验收执行 GB 50236 的规定。

5.2.7 罩体保温施工及验收执行 GB 50126 的规定。

5.3 冷却机密封

5.3.1 废气收集罩与冷却机台车之间应设置密封装置。

5.3.2 风箱与冷却机台车之间应设置密封装置。

5.3.3 采用闭路流程时,冷却机风箱与台车之间的密封应考虑风温的影响。

5.4 废气管道

5.4.1 烧结冷却系统余热回收管道的压力损失应按系统工况计算确定。

5.4.2 管道内热废气流速宜取 16m/s~20m/s。

5.4.3 管道应按 GB 50264 的规定进行保温。

5.4.4 高温废气管道内介质温度通常介于 300℃~480℃之间,管道系统的设备材质耐热温度应高于介质温度;中温废气管道系统的设备材质耐热最高 300℃;低温废气管道系统的设备材质耐热最高 200℃。

5.4.5 管道应设置切断阀。

5.4.6 管道应设置检修、清灰孔。

5.4.7 管道应通过计算设置补偿器。

5.4.8 管道之间与管道和其他结构、建筑物之间的最小间距,应符合国家相关标准。

5.4.9 管道支架、人行梯、架空人行道、必要的操作平台等设施应符合国家相关标准。

5.4.10 管道施工及验收执行 GB 50235、GB 50236 的规定。

5.4.11 管道保温施工及验收执行 GB 50126 的规定。

5.5 风机

5.5.1 风量应根据烧结冷却及余热回收利用系统的平衡计算确定,计算应考虑系统漏风、烧结生产波动等因素。

5.5.2 风压应根据系统阻力平衡计算确定,废气收集罩内应保持微负压状态。

5.5.3 如风机配带冷风吸入口,则吸入口处应安装消声器。

5.5.4 配套电机宜调速控制。

5.5.5 余热回收利用系统的风机应耐热、耐磨;风机外壳应进行保温,保温应考虑抗振。

5.5.6 风机应考虑检修空间及设施。露天布置时,电机应设防雨设施。

5.5.7 风机施工及验收执行 GB 50231、GB 50275 的规定。

6 测试与验收

6.1 测试项目

6.1.1 烧结冷却系统余热回收利用作业率

烧结冷却系统余热回收利用作业率应不小于 95%,按公式(1)计算:

$$\theta = \frac{t_1}{t} \times 100\% \quad \cdots\cdots\cdots\cdots\cdots\cdots\cdots\cdots (1)$$

式中:

θ——烧结冷却系统余热回收利用作业率;

t_1——烧结冷却系统余热回收利用年作业时间,单位为小时(h);

t——烧结机年作业时间,单位为小时(h)。

6.1.2 烧结冷却系统余热回收率

烧结冷却系统余热回收率应不小于 50%,按公式(2)计算:

$$\eta = \frac{Q_1}{Q - Q_2} \times 100\% \quad \cdots\cdots\cdots\cdots\cdots\cdots\cdots\cdots (2)$$

式中:

η——烧结冷却系统余热回收率;

Q_1——烧结冷却系统余热回收的热量,单位为千焦(kJ);

Q_2——烧结矿离开冷却机时带走的热量,单位为千焦(kJ);

Q——烧结矿进入冷却机时的总热量,单位为千焦(kJ)。

6.1.3 烧结冷却系统热废气直接排放率

烧结冷却系统热废气直接排放率应不超过 50%,按公式(3)计算:

$$\lambda = \frac{S - S_1}{S} \times 100\% \quad \cdots\cdots\cdots\cdots\cdots\cdots\cdots\cdots (3)$$

式中:

λ——烧结冷却系统废气直接排放率;

S——冷却机总面积,单位为平方米(m^2);

S_1——冷却机余热回收面积,单位为平方米(m^2)。

6.1.4 吨矿发电量

以发电为主的流程,吨成品烧结矿发电量应不小于 15kW·h。

6.2 验收

6.2.1 验收时间

烧结冷却系统余热回收利用装置竣工投产三个月后。

6.2.2 验收内容

对 6.1 中提及的测试项目进行验收,同时应依照国家现行有关法规、标准和规范对安全性、环保性等进行验收。

附 录 A
（资料性附录）
烧结冷却系统余热发电技术参数

烧结冷却系统余热发电时的主要技术参数见表 A.1。

表 A.1 烧结冷却系统余热发电技术参数

烧结机规模 m²	类型						
	烧结矿产量 t/h	废气量（标态） 10⁴m³	废气温度 ℃	装机容量 kW	年发电量 10⁴kW·h	年自耗电量 10⁴kW·h	耗水量 m³/h
180～300	240～400	24～40	300～420	4～10	2700～6500	480～1600	60～110
300～360	400～470	40～50	300～420	10～12	6500～8000	1600～2000	110～135
360～550	470～710	50～75	300～420	12～18	8000～13000	2000～3250	135～180

注：此表内容系冷却机鼓风冷却方式余热发电技术参数。

ICS 77.140.99

H 04

中华人民共和国黑色冶金行业标准

YB/T 4255—2012

干熄焦节能技术规范

Coke dry quenching energy-saving technology standard

2012-05-24 发布
2012-11-01 实施

中华人民共和国工业和信息化部 发布

前　言

本标准由中国钢铁工业协会提出。

本标准由全国钢标准化技术委员会归口。

本标准起草单位：冶金工业信息标准研究院、济钢集团国际工程技术有限公司、河南新密市清屏耐火材料有限责任公司、苏州海陆重工股份有限公司、北京首钢国际工程技术有限公司。

本标准主要起草人：张丽珠、孙伟、蒋升华、范玉兴、张进莺、郭起营、王晓虎、李顺弟、潘瑞林、朱灿朋、于民、栾元迪、王蕾。

本标准为首次发布。

干熄焦节能技术规范

1 总则

1.1 干熄焦是国家重点鼓励发展的节能技术,为实现焦炭生产企业推广应用干熄焦技术,以及提高干熄焦技术利用效率、实现节能减排目标、提高焦炭质量,制定本规范。

1.2 本标准规定了干熄焦装置的参数选择和节能减排效果的评估指标,并为干熄焦设计、施工、运行维护和效果评价提供技术支持和导向。

1.3 本标准适用于顶装焦炉或捣固焦炉配套的干熄焦项目。

1.4 干熄焦工艺流程设计和主要设备选择,在本规范基础上结合实际、因地制宜,经过技术、经济综合比较后择优确定。

1.5 为了响应我国《2006年～2020年中国钢铁工业科学与技术发展指南》,新上的干熄焦装置处理能力应不小于75t/h。鼓励建设大型化干熄焦装置,提高节能效果,降低单位产量的投资和运行成本。宜采用全干熄方式,达到更加完善的节能减排的目标。

1.6 干熄焦装置在使用过程中,特种设备的验收和使用、污染物排放必须严格执行国家及地方的安全生产、环境保护法律法规的要求。

1.7 干熄焦装置投入运行前,企业应制定相应的操作规程和维护检修规程,配备专门管理和维修人员。

2 规范性引用文件

下列文件对于本文件的应用是必不可少的。凡是注日期的引用文件,仅注日期的版本适用于本文件。凡是不注日期的引用文件,其最新版本(包括所有的修改单)适用于本文件。

GBZ 2.2—2007　工作场所有害因素职业接触限值　第二部分:物理因素

GB/T 3811—2008　起重机设计规范

GB 12348—2008　工业企业厂界环境噪声排放标准

GB 12710—2008　焦化安全规程

GB 16297—1996　大气污染物综合排放标准

GB 50390—2006　焦化机械设备工程安装验收规范

GB 50432—2007　炼焦工艺设计规范

YB/T 4156—2007　干熄焦旋转排出阀

YBJ 214—1988　机械设备安装工程施工及验收规范　焦化设备

HJ/T 189—2006　清洁生产标准　钢铁行业

DL/T 5047—1995(2005)　电力建设施工及验收技术规范　锅炉机组篇

3 术语和定义

下列术语和定义适用于本文件。

3.1

干熄焦　coke dry quenching,简称 CDQ

HJ/T 189—2006 中的术语,一种熄焦工艺,它利用冷的惰性气体,在干熄炉中与赤热红焦换热从而冷却红焦并终止其燃烧。吸收了红焦热量的惰性气体将热量传给干熄焦锅炉产生蒸汽,被冷却的惰性气体再由循环风机鼓入干熄炉冷却并熄灭红焦。

3.2

干熄炉 **CDQ chamber**

干熄焦中用于红焦缓存及换热冷却的设备。

3.3

焦罐提升机 **coke bucket lifter**

在地面和干熄炉顶部之间搬运焦罐的专用起重设备。

3.4

旋转密封阀 **rotary seal valve**

安装在干熄炉底部,将振动给料器定量排出的焦炭在密闭状态下连续排出的设备。

3.5

装入装置 **charging device**

位于干熄炉顶部,开闭炉盖,与焦罐提升机配合将焦罐中的红焦装入干熄炉的装置。

3.6

电机车 **electrical locomotive**

牵引焦罐台车的设备。

3.7

振动给料器 **vibration feeder**

位于干熄炉底部,控制焦炭定量排出的设备。

3.8

焦罐 **coke bucket**

装运焦炉红焦的特制容器。

3.9

焦罐台车 **coke bucket car**

运送焦罐的专用设备。

3.10

惰性循环气体 **inert cas circulation**

冷却红焦的气体,主要成分为氮气。

3.11

一次除尘器 **first dust collector**

干熄炉与干熄焦锅炉之间的工艺除尘设备。

3.12

二次除尘器 **secondary dust collector**

干熄焦锅炉和循环风机之间的工艺除尘设备。

3.13

气料比 **ratio of gas and material**

冷却单位质量的红焦所需要的惰性循环气体总体积,单位为 m^3/t 焦(在标准状态下)。

3.14

产汽率 **vapour production rate**

干熄单位质量红焦所产生的蒸汽量,单位为 t/t 焦。

3.15

干熄焦锅炉 **CDQ boiler**

以干熄焦循环气体为热源生产蒸汽的装置。

3.16

给水预热装置 water preheating system

位于循环风机与干熄炉鼓风装置之间,将循环气体进一步冷却,同时对干熄焦锅炉给水进行预热的装置。

3.17

APS 定位装置 auto position system

将焦罐台车精确定位的装置。

3.18

烧损率 rate of loss coke

红焦在干熄过程中焦炭的烧损重量与红焦重量的比值。

4 干熄焦原理及流程

4.1 原理

干熄焦是相对湿熄焦而言的,是指采用惰性循环气体将红焦降温冷却的一种熄焦方法,在干熄炉冷却段,焦炭向下流动,惰性循环气体向上流动,焦炭通过与惰性循环气体进行热交换而冷却。热交换后的高温惰性循环气体经除尘后将热量传给干熄焦锅炉产生蒸汽,冷却后的惰性循环气体由循环风机重新鼓入干熄炉,惰性循环气体在封闭的系统内循环使用。

4.2 工艺流程

干熄焦系统主要包括焦炭流程、惰性循环气体流程、干熄焦锅炉汽水流程,具体见以下工艺流程示意图1。

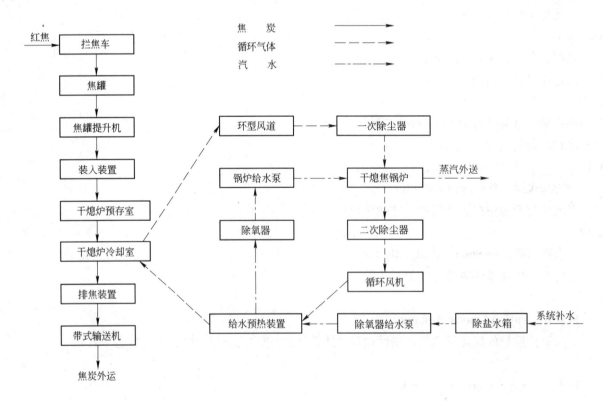

图 1

4.2.1 焦炭流程

焦炉推出红焦→焦罐→焦罐提升机→装入装置→干熄炉→排焦装置→冷焦运输系统。

4.2.2 惰性循环气体流程

惰性循环气体进入干熄炉底部→在干熄炉内与红焦逆流换热→一次除尘器除尘→干熄焦锅炉换热→二次除尘器除尘→循环风机加压→给水预热装置换热→返回干熄炉底部。

4.2.3 汽水流程

系统补水→除盐水箱→除氧器给水泵→给水预热装置→除氧器→锅炉给水泵→干熄焦锅炉→蒸汽外送。

5 干熄焦工艺技术要求

5.1 干熄焦工艺布置应遵循安全生产、流程合理、方便检修、提高土地利用率等原则进行优化设计。

5.2 红焦余热是通过干熄焦锅炉以蒸汽的形式进行回收,产生的蒸汽应加以利用。

5.3 干熄焦宜采用在线提升布置方式;如受场地限制也可采用离线布置。

5.4 应推进干熄焦的大型化,提高干熄焦的运行效率,降低投资。

5.5 红焦装入干熄炉的循环周期应小于焦炉单孔操作时间。

5.6 干熄焦应有备用熄焦设施。

5.7 干熄焦本体平面布置宜采用环形布置,以减小循环气体阻力,降低系统能耗,方便检修。

5.8 干熄焦惰性气体循环系统应设给水预热装置。

5.9 干熄炉应设有预存室,预存焦炭量宜与焦炉检修制度相匹配。

5.10 干熄焦应配套焦粉收集系统和环境除尘系统。

5.11 干熄焦宜配套迁车台及焦罐检修站。

5.12 干熄焦设计应同时执行 GB 50432—2007 中第 6、7.3、8.2 条的规定。

6 干熄焦技术指标

6.1 干熄焦技术指标应符合表1要求。

表 1

指 标 名 称	参 数
干熄前焦炭温度	950℃～1050℃
干熄后焦炭温度	≤200℃
气料比	1200～1420m³/t(在标准状态下)
干熄焦产汽率	≥0.53t/t
焦炭烧损率	≤1.2%
干熄炉操作制度	24h 连续
干熄焦年工作时间	340d 连续
干熄焦年检修时间	≤25d
注:干熄后焦炭温度是指用水当量法测定的焦炭平均温度。	

6.2 应提高干熄焦产汽率,但不宜采用提高空气导入量,以增加焦炭烧损率为代价的方式提高产汽率。

6.3 较低的气料比可以减小循环风机的电力消耗,顶装焦炉干熄焦的气料比不应高于1400m³/t(在标准状态下)。

7 干熄焦主要工艺设备

7.1 红焦运输系统主要设备

干熄焦红焦运输系统主要有电机车、焦罐、焦罐台车、APS定位装置等设备。

7.1.1 电机车

7.1.1.1 电机车应有牵引焦罐台车运行、控制焦罐台车定位以及与其他系统的通讯联络等功能;对于圆柱形焦罐还应具备操作控制焦罐的旋转和定位的功能。

7.1.1.2 干熄焦电机车牵引力、加速度、运行速度等主要技术参数应满足干熄焦工艺需要,应具备干湿两用功能。电机车车速宜控制在 $0\sim240\text{m/min}$,加速度宜控制在 $0\sim0.2\text{m/s}^2$。

7.1.1.3 干熄焦电机车的定位精度控制在 $\pm100\text{mm}$ 内。

7.1.2 焦罐

7.1.2.1 焦罐为矩形或圆柱形,有效容积应不小于配套焦炉单孔排焦量的 $1.1\sim1.2$ 倍。

7.1.2.2 焦罐应设置自动开闭的底门,底门承重面应具有耐热耐磨性能。

7.1.3 焦罐台车

7.1.3.1 焦罐台车承载能力应不小于所承载焦罐质量与一罐焦炭质量之和,运行速度应满足干熄焦工艺需要。

7.1.3.2 焦罐台车应配置行程及位置控制检测元件,用于实现电机车与主控系统的通讯联络和信号传输。

7.1.3.3 焦罐台车应配置焦罐的固定设施,防止焦罐在运行过程和接焦过程中的滑移和倾翻;对于有横移工艺的还应配置横移轨道以及导向设施。

7.1.4 APS 定位装置

7.1.4.1 APS 定位装置驱动能力应满足最大工艺负荷条件。

7.1.4.2 APS 定位装置定位精度应控制在 $\pm10\text{mm}$ 内。

7.2 干熄焦本体主要设备

干熄焦本体主要有焦罐提升机、装入装置、振动给料器、旋转密封阀等设备。

7.2.1 焦罐提升机

7.2.1.1 焦罐提升机属于起重设备,设计和制造按 GB/T 3811—2008 规定进行。

7.2.1.2 焦罐提升机整机应为 A8 工作级别,起升机构应为 M8 工作级别,运行机构不小于 M7 工作级别。

7.2.1.3 焦罐提升机额定起重量应不小于所提升焦罐与一罐焦炭的质量之和,提升和走行速度应满足干熄焦整体工艺需要。

7.2.1.4 焦罐提升机宜为自动控制,无人操作,特殊要求或事故状态时可人工操作。

7.2.1.5 焦罐提升机应配置焦罐盖,用于安全防护和隔热保温。

7.2.2 装入装置

7.2.2.1 装入装置应设置移动集尘管道,用于收集装焦时的粉尘。

7.2.2.2 装入装置应设置集中润滑系统,用于装置的自动润滑。

7.2.2.3 装入装置料斗的衬板应具有较高的耐热、耐磨性能。

7.2.3 振动给料器

7.2.3.1 振动给料器应具有调节焦炭排出量的功能。

7.2.3.2 振动给料器内衬应具有较高的耐磨性能,可采用不锈钢或高铬铸铁。

7.2.3.3 振动给料器应设机旁、中央控制室手动操作和 PLC 自动控制三种方式。

7.2.4 旋转密封阀

7.2.4.1 旋转密封阀的上下接口应设置补偿器,补偿器应配带耐磨内衬。

7.2.4.2 旋转密封阀应能够正反方向旋转。

7.2.4.3 旋转密封阀应设机旁、中央控制室手动操作和 PLC 自动控制三种方式。

7.2.4.4 旋转密封阀制造应按 YB/T 4156—2007 执行。

7.3 冷焦运输系统设备

7.3.1 干熄焦冷焦运输系统应结合成品焦炭处理系统合理规划设计。

7.3.2 干熄焦冷焦运输带式输送机上应设有温度检测探头及自动淋水降温装置。

7.3.3 干熄焦冷焦运输带式输送机上应设置焦炭计量装置。

8 干熄焦气体循环系统及设备

8.1 惰性气体循环系统主要设备

主要有干熄炉、一次除尘器、干熄焦锅炉、二次除尘器、循环风机、给水预热装置等设备。

8.2 干熄炉

8.2.1 干熄炉从功能上分为预存室和冷却室、环型风道。

8.2.2 斜道区气流速度≤4m/s(在标准状态下)。

8.2.3 干熄炉冷却段高径比宜采用0.7～0.9。

8.3 一次除尘器

8.3.1 一次除尘器宜采用重力沉降方式。

8.3.2 一次除尘器入口气流速度≤3m/s(在标准状态下)。

8.3.3 一次除尘器出口惰性循环气体含尘量对于顶装焦炉小于12g/m^3(在标准状态下),对于捣固焦炉小于20g/m^3(在标准状态下)。

8.4 干熄焦锅炉

8.4.1 干熄焦锅炉参数应根据企业蒸汽需求确定,宜选用高温高压干熄焦锅炉。

8.4.2 干熄焦锅炉宜采用自然循环方式。

8.4.3 干熄焦锅炉系统宜设置除盐水箱。

8.4.4 干熄焦锅炉出口循环气体温度应不大于180℃;锅炉热效率不低于80%。

8.5 给水预热装置

8.5.1 给水预热装置宜采用组合式换热器或热管换热器。

8.5.2 给水预热装置出口循环气体温度不宜大于135℃。

8.6 二次除尘器

二次除尘器宜采用多管旋风除尘方式,二次除尘后循环气体含尘量对于顶装焦炉应不大于1g/m^3(在标准状态下),对于捣固焦炉应不大于1.5g/m^3(在标准状态下)。

8.7 循环风机

8.7.1 焦炉产量稳定时,循环风机可不采用调速。

8.7.2 循环风机宜采用氮气对轴部进行密封。

8.7.3 循环风机耐温应≥250℃。

8.7.4 循环风机叶轮及机壳内壁应堆焊耐磨材料。

8.8 循环气体

8.8.1 应对循环气体成分进行在线检测与调节。

8.8.2 循环气体成分控制范围:CO<6%、H_2<3%、O_2<1%。

9 干熄炉与一次除尘器砌体

9.1 干熄炉

9.1.1 预存室炉口耐火砖应有较好的高温抗折强度和热震稳定性。炉口工作层宜采用B级莫来石-碳化硅砖。

9.1.2 环型风道分为内墙及环型风道外墙两重圆环砌体。内墙耐火砖应有较高的耐压强度和热震稳定性,工作层宜采用 A 级莫来石砖。

9.1.3　环型风道斜道区的耐火砖应有较好的热震稳定性、耐磨性和高温抗折强度,宜采用 A 级莫来石-碳化硅砖。

9.1.4　冷却室耐火砖应有较高的耐磨性和耐压强度,工作层宜采用 B 级莫来石砖。

9.2　一次除尘器

一次除尘器的侧墙及底部宜采用干熄焦专用致密耐磨黏土砖,拱顶宜采用高强耐磨莫来石砖。

9.3　耐火材料

各部位耐火砖的选择可参考附录 A。

10　检测与自动控制系统

10.1　检测

10.1.1　宜采用静电容料位计测量干熄炉上极限料位,静电容料位计应与红焦运输系统联锁、报警。

10.1.2　可采用雷达料位计或 γ 射线料位计对干熄炉内料位进行检控,宜优先选用雷达料位计。

10.1.3　干熄炉冷却室、预存室锥顶区应设温度检测;炉口应设压力检测,炉口压力控制在 ±100Pa。

10.1.4　干熄炉入口管道上应设循环气体成分在线分析装置。

10.2　电气

10.2.1　干熄焦用电负荷属于一级、二级负荷,锅炉给水泵等重要负荷为一级负荷。

10.2.2　干熄焦供配电系统应由 10kV(6kV)电源供电,低压配电采用 380V/220V 电压。

10.2.3　干熄焦系统宜设集中控制系统。

10.2.4　焦罐提升机系统宜设置独立的变压器作为工作电源。为保证焦罐提升机可靠运行,应由干熄焦动力变压器提供一路事故电源,用于工作电源事故时焦罐提升机的供电。

10.2.5　干熄焦系统除焦罐提升机外,其他用电负荷宜设置 2 台分列运行的动力变压器,当 1 台变压器停电时,另 1 台可带 100% 负荷。

10.2.6　干熄焦 10kV(6kV)系统宜设置微机综合保护系统,完成 10kV(6kV)用电设备的测量、控制、保护、操作。

10.2.7　干熄焦宜采用交流变频传动控制系统的设备有:焦罐提升机的提升及走行装置、电机车、装入装置、振动给料器、旋转焦罐等。

10.2.8　焦罐提升机应采用具有能量回馈功能的变频调速控制系统。

10.3　自动控制系统

10.3.1　干熄焦宜采用冗余自动控制系统。

10.3.2　控制系统应具有完善的控制、保护、报警等功能,正常运行采用自动控制;应急控制或重要的联锁条件,应采用继电器回路控制;涉及安全的重要联锁信号采用硬线连接。

10.3.3　控制系统宜留有与全厂能源管控、计量等系统的数据通讯接口。

11　安全环保

11.1　干熄焦装置安全要求应符合 GB 12710—2008 的要求。

11.2　环境除尘宜采用脉冲袋式除尘器。除尘器风机应根据干熄焦工艺运行状态采用变风量调节风机,风量调节宜采用风机转速调节方法。

11.3　干熄焦设备应优先选择低噪声产品;除尘风机出口、锅炉安全阀放散管、启动放散排气管应设置消声器,风机、振动给料器等设备应具有隔声和减振措施。厂区边界噪声要符合 GB 12348—2008 中的 Ⅲ 类。

11.4　红焦在焦罐中的储存时间不宜超过 30min。

11.5 循环气体管道和二次除尘器上应设泄爆阀。

11.6 一次除尘器顶部、干熄炉预存室应设紧急放散阀。

11.7 冷焦排出装置地下通廊应采用强制通风。

11.8 干熄炉底部冷焦排出装置及地下皮带通廊应设 CO 报警仪、固定式 O_2 报警仪和除尘装置。

11.9 干熄后的焦炭转运过程应设除尘和防尘设施。

12 安装调试、运行维护

12.1 安装调试

12.1.1 设备安装应符合 GB 50390—2006 和 YBJ 214—1988 中干熄焦部分的要求。

12.1.2 干熄焦锅炉安装参照 DL/T 5047—1995(2005)中锅炉机组篇的相关要求。

12.1.3 其他设备的安装按照相关标准规定进行。

12.1.4 在干熄焦建成和年修停炉投产前应制定开工方案。烘炉时应严格按所制定的烘炉曲线进行升温操作。

12.2 运行维护

12.2.1 为了保证整个干熄焦装置高效、安全运行,应提前对技术人员、操作人员、特种作业人员进行相应的培训,持证上岗。

12.2.2 干熄焦系统中特种设备的验收、使用和年检应严格遵守国家相关法律、法规、技术标准及相关规定。

12.2.3 干熄焦设备应建立完整的运行、维护、保养、检修、安全管理制度,确保设备安全稳定运行。

13 验收评估

13.1 干熄焦装置应按国家现行有关规定、标准、规范进行工程竣工验收;特种设备由有资质的特检部门验收。

13.2 安装验收应进行粉尘和排放物的检验,排放物应符合 GB 16297—1996 的要求。

13.3 干熄炉炉顶装焦处、干熄炉炉底排焦处、地下皮带通廊、转运站等工作场所粉尘含量应符合 GBZ 2.2—2007 中的要求。

13.4 干熄焦综合评估指标

13.4.1 排焦温度≤200℃。

13.4.2 烧损率≤1.2%。

13.4.3 产汽率≥0.53t/t。

13.4.4 年作业时间≥340d。

13.4.5 冷却水重复利用率:干熄焦系统的用水应实现循环用水,设备冷却水重复利用率应不小于97%。

附 录 A
（资料性附录）
干熄焦用耐火材料理化指标

为便于干熄焦用耐火材料的选择，这里提供干熄焦使用的主要耐火材料理化指标。

主要耐火材料理化性能指标见表 A.1～表 A.5。

表 A.1 炉口用莫来石-碳化硅砖（B级莫来石-碳化硅砖）

项 目	单 位	指 标
Al_2O_3	%	≥30
SiC	%	≥40
Fe_2O_3	%	≤1.0
耐火度	℃	≥1770
体积密度	g/cm³	≥2.5
显气孔率	%	≤21
常温耐压强度	MPa	≥85
高温抗折强度，1100℃×0.5h	MPa	≥20
热震稳定性（1100℃水冷）	次	≥50

表 A.2 斜道区用莫来石-碳化硅砖（A级莫来石-碳化硅砖）

项 目	单 位	指 标
Al_2O_3	%	≥35
SiC	%	≥30
Fe_2O_3	%	≤1.0
耐火度	℃	≥1770
体积密度	g/cm³	≥2.5
显气孔率	%	≤21
常温耐压强度	MPa	≥85
高温抗折强度，1100℃×0.5h	MPa	≥20
热震稳定性（1100℃水冷）	次	≥40

表 A.3 环型风道及一次除尘器用莫来石砖（A级莫来石砖）

项 目	单 位	指 标
Al_2O_3	%	≥55
Fe_2O_3	%	≤1.3
耐火度	℃	≥1770
体积密度	g/cm³	≥2.4
显气孔率	%	≤18
常温耐压强度	MPa	≥75

表 A.3(续)

项 目	单 位	指 标
高温抗折强度，1100℃×0.5h	MPa	≥20
荷重软化温度(0.2MPa，T_2)	℃	≥1500
重烧线变化，1300℃×2h	%	±0.1
热震稳定性(1100℃水冷)	次	≥30

表 A.4 冷却室用莫来石砖(B级莫来石砖)

项 目	单 位	指 标
Al_2O_3	%	≥55
Fe_2O_3	%	≤1.3
耐火度	℃	≥1770
体积密度	g/cm³	≥2.45
显气孔率	%	≤17
常温耐压强度	MPa	≥85
高温抗折强度，1100℃×0.5h	MPa	≥20
荷重软化温度(0.2MPa，T_2)	℃	≥1500
重烧线变化，1300℃×2h	%	±0.1
热震稳定性(1100℃水冷)	次	≥22
耐磨性	cm³	≤12

表 A.5 干熄焦用致密黏土砖

项 目	单 位	指 标
Al_2O_3	%	≥42
Fe_2O_3	%	≤1.5
耐火度	℃	≥1750
体积密度	g/cm³	≥2.3
显气孔率	%	≤15
常温耐压强度	MPa	≥70
高温抗折强度，1100℃×0.5h	MPa	≥10
荷重软化温度(0.2MPa，T_2)	℃	≥1500
重烧线变化，1300℃×2h	%	+0.1～−0.5
热震稳定性(1100℃水冷)	次	≥10

ICS 77_010
H 04

中华人民共和国黑色冶金行业标准

YB/T 4256.1—2012

钢铁行业海水淡化技术规范
第 1 部分：低温多效蒸馏法

Technology criterion of seawater desalination for steel-making industry
Part 1：Multiple effect distillation

2012-05-24 发布　　　　　　　　　　　　　　　2012-11-01 实施

中华人民共和国工业和信息化部　　发 布

目　次

前　言

本部分由中国钢铁工业协会提出。

本部分由全国钢标准化技术委员会归口。

本部分起草单位：首钢京唐钢铁联合有限责任公司、首钢总公司、中冶连铸技术工程股份有限公司、冶金工业信息标准研究院、北京首钢国际工程技术有限公司。

本部分主要起草人：吴礼云、张建红、仇金辉、李杨、樊雄、高建平、马露露、张波、张岩岗、寇彦德、朱泓、李玉睿。

本部分为首次发布。

钢铁行业海水淡化技术规范 第1部分:低温多效蒸馏法

1 总则

1.1 为使低温多效蒸馏海水淡化系统建立标准化的建设运营机制,提高建设与运行管理的技术水平,确保安全、稳定、优质、低耗制取淡水,制定本部分。

1.2 本部分适用于钢铁企业采用低参数蒸汽通过低温多效蒸馏海水淡化系统制取淡水,其他行业也可参照执行。对低温多效蒸馏—海水反渗透耦合系统(MED -SWRO)中低温多效蒸馏系统(MED)也是适用的。

1.3 低温多效蒸馏海水淡化系统的设计、施工、运行、维护及安全,除应符合本部分外,尚应符合国家现行有关法规和标准的规定。

1.4 本部分规定的所有要求是通用的。

如果进行删减,应仅限于本部分第5.2、6.2条的要求,并且这样的删减不影响低温多效蒸馏海水淡化厂提供满足顾客要求和适用法律法规规范要求的产品的能力或责任。

2 规范性引用文件

下列文件对于本文件的应用是必不可少的。凡是注日期的引用文件,仅注日期的版本适用于本文件。凡是不注日期的引用文件,其最新版本(包括所有的修改单)适用于本文件。

GB/T 1576 工业锅炉水质

GB 3097 海水水质标准

GB 5749 生活饮用水卫生标准

GB 17323 瓶装饮用纯净水

GB 17324 瓶(桶)装饮用纯净水卫生标准

GB 17378.3 海洋监测规范 第3部分:样品采集、贮存与运输

GB 17378.4 海洋监测规范 第4部分:海水分析

GB 19304 定型包装饮用水企业生产卫生规范

GB 50050 工业循环冷却水处理设计规范

3 术语和定义

下列术语和定义适用于本文件。

3.1

效 effect

多效蒸发器中不同温度下单一的蒸发凝结淡化制水单元。组成多效制水设备效的数量称为多效海水淡化设备的效数。

3.2

多效蒸馏 multiple effect distillation, MED

由多个蒸发效串联组成,蒸汽在传热管一侧冷凝生成淡水,同时放出的热使传热管另一侧的海水蒸发生成蒸汽,并进入下一效作为加热蒸汽对海水进行加热蒸发产生淡水的方法。

3.3

低温多效蒸馏海水淡化 low temperature multiple effect distillation

原料海水的最高蒸发温度一般低于70℃的多效蒸馏海水淡化技术。其特征是将一系列的水平管降

膜蒸发器或垂直管降膜蒸发器串联起来并被分成若干效组,用一定量的蒸汽输入通过多次的蒸发和冷凝,从而得到多倍于加热蒸汽量的蒸馏水的海水淡化技术。

3.4

盐水顶值温度 top brine temperature,TBT

低温多效蒸馏海水淡化设备第一效中的盐水温度。

3.5

蒸汽喷射器(泵) steam jet

基于文丘里管的原理,利用高参数蒸汽在喷射器中吸引效内二次蒸汽,达到二次蒸汽反复利用的目的。

3.6

蒸汽热压缩 thermal vapor compression,TVC

以高参数蒸汽为动力,经文丘里喷嘴喷射,和低压蒸汽混合,对低压蒸汽加温加压的工艺方法。通常和低温多效蒸馏海水淡化装置联合使用。

3.7

机械蒸汽压缩 mechanical thermal vapor compression,MVC

利用机械离心压缩机对低压蒸汽加温加压的工艺方法,为低温多效蒸馏的另一种运行形式。机械蒸汽压缩海水淡化装置不需要动力蒸汽,仅靠电作为运行的动力。

3.8

不凝气体 non-condensable gas,NCG

和水蒸气混合在一起,一般低温冷却时不能凝结的气体,如氧气、氮气和二氧化碳等。这些气体在低温蒸发过程中被释放出来,如果不将其抽出,它们会在换热管的表面形成绝热层从而降低海水淡化装置的效率。

3.9

造水比 gain output ratio,GOR

所生产蒸馏水(扣除加热蒸汽的凝结水量)与加热蒸汽质量的比值(kg/kg)。

3.10

钢铁厂低低压蒸汽 low low pressure stream, LLP Stream

钢铁厂低低压蒸汽的绝压一般介于0.02MPa~0.05MPa,温度60℃~70℃,主要来自各种余热发电(如烧结余热发电、转炉低温饱和蒸汽发电、干熄焦余热发电(CDQ)、高炉水冲渣余热等)、余能发电、煤气-蒸汽联合发电(CCPP)、掺烧高炉煤气锅炉发电等汽轮机末端乏蒸汽(发电后低品质)。

3.11

多效蒸馏热压缩模式(T模式) MED-TVC running model

以该模式运行时,通过热压缩器将二次蒸汽压缩后再进入第一效。以该模式运行时,热压缩器也可只有部分负荷工作,同时有一部分低低压蒸汽进入到第一效。

3.12

多效蒸馏模式(E模式) MED running model

以该模式运行时,热压缩器不起作用。第一效采用低低压蒸汽。

3.13

冷态循环模式 cool running model

不生产蒸馏水,除低压蒸汽以外的其他系统均正常运行。

3.14

淡化水　desalted water

经过海水淡化系统分离后得到的含盐量小于等于 10mg/L 的成品水。

3.15

浓含盐海水　reject brine

经过海水淡化系统浓缩后的海水,简称浓盐水。

4　工艺及原理

4.1　工艺

低温多效蒸馏海水淡化工艺流程如图 1 所示。

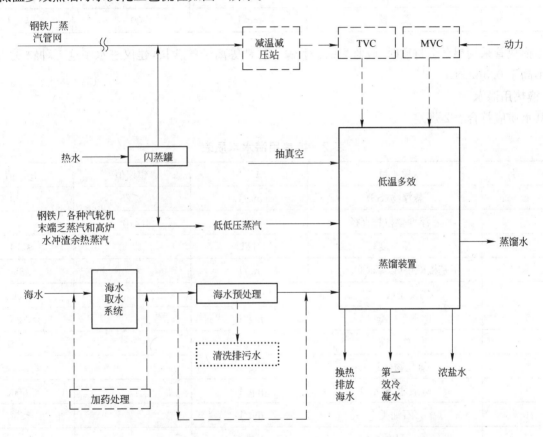

图 1　典型的低温多效蒸馏海水淡化工艺流程示意图

4.2　原理

低温多效蒸馏海水淡化是将一系列的水平管降膜蒸发器或垂直管降膜蒸发器串联起来并被分成若干效组,用一定量的低低压蒸汽输入装置,通过抽真空控制装置内海水的最高蒸发温度低于 70℃,经过多次的蒸发和冷凝,从而得到多倍于加热蒸汽量的蒸馏水。

对于多效蒸馏(MED)装置,还可以利用蒸汽热压缩(TVC)从蒸发器效中循环一部分二次蒸汽进入第一效以降低原动力蒸汽的用量;对于机械蒸汽压缩(MVC)装置,可以采用离心压缩机对二次蒸汽进行加压进入低温多效蒸馏海水淡化设备制取蒸馏水。

5　介质要求

5.1　多效蒸馏装置进水水质

海水应满足多效蒸馏装置的进水水质,应符合表 1 规定。

表 1 多效蒸馏装置进水水质表

序 号	项 目	单 位	建议值	允许值
1	悬浮物(SS)	mg/L	≤25	≤50
2	悬浮性颗粒物直径	μm		≤100
3	浊 度	NTU	≤5	<10
4	水 温	℃	15～25	2～40
5	石油类	mg/L	≤0.50	<1
6	盐 度	%	2.0～4.0	
7	游离氯	mg/L	≤0.05	≤0.1
8	总 铁	mg/L	≤0.05	≤0.1

当换热管采用铝合金材质时,应监测铝、铜、镍、锰、铁等离子的含量,建议进水中这五种物质的含量之和不高于 0.5mg/L。

5.2 换热用海水

其水质应符合表2规定。

表 2 换热用海水水质表

序 号	项 目	单 位	建议值	允许值
1	悬浮物(SS)	mg/L	≤25	≤30
2	悬浮性颗粒物直径	μm	≤100	
3	浊 度	NTU		≤10
4	甲基橙碱度(以 $CaCO_3$ 计)	mg/L		≤350
5	钙离子(Ca^{2+})	mg/L		≤1000
6	镁离子(Mg^{2+})	mg/L		≤3200
7	总 铁	mg/L		<1.0
8	氯化物(Cl^-)	mg/L		≤42000
9	硫酸盐(SO_4^{2-})	mg/L		≤6000
10	石油类	mg/L		<5
11	pH 值	无量纲		6.8～8.8
12	水 温	℃		4～40
13	异氧菌总数	cfu/mL	<10^3	<$5×10^5$

5.3 低温多效蒸馏海水淡化用蒸汽条件

5.3.1 加热蒸汽参数应根据钢铁厂可以经济稳定提供的蒸汽流量和参数确定,宜采用低参数蒸汽。

5.3.2 低温多效蒸馏海水淡化加热蒸汽参数如下:

a) LT-MED 装置要求的最小蒸汽压力为 0.025MPa(a)～0.032MPa(a)。

b) LT-MED-TVC 装置的压缩汽源压力宜选用 0.20MPa(a)～0.50MPa(a);也可通过减温减压装置将从管网来的蒸汽(蒸汽压力一般为表压 0.8MPa～1.3MPa)经过减压、减温后进入热压缩器。

c) 加热蒸汽压力较低,不能满足真空设备对蒸汽压力要求时,可另设置真空设备供汽系统。

d) 钢铁厂低低压蒸汽,压力 0.025MPa(a)～0.032MPa(a),温度 65℃～70℃。

5.3.3 低温多效蒸馏海水淡化蒸汽汽源的供应方式按以下原则确定:

a) 为避免海水淡化系统停机,可设置并列双母管、环形双母管或其他类似功能的供汽系统,系统的最低供汽量需要满足海水淡化系统的最低制水蒸气需求量。供汽汽源宜采用多汽源并列供汽方式,在汽源数量较少的情况下,如条件允许可将钢铁厂启动锅炉作为调试及应急供汽汽源。

b) 有备用除盐水水源的钢铁厂低温多效蒸馏海水淡化系统可以设置单母管供汽系统。

5.4 蒸馏水质量要求

5.4.1 低温多效蒸馏海水淡化制取蒸馏水的含盐量可根据用水要求确定,宜不超过 10mg/L。

5.4.2 低温多效蒸馏海水淡化制取的蒸馏水温度应满足后续用户的要求,宜低于 40℃;需进行进一步除盐处理时,产品水温应低于 40℃。

5.4.3 蒸馏水应根据不同用途满足相应的水质要求:

5.4.3.1 当蒸馏水用于一般压力锅炉给水时,应满足 GB/T 1576 要求;

5.4.3.2 当蒸馏水用于水内冷发电机的冷却水和钢铁厂闭式系统补充水时,应满足 GB 50050 的要求。蒸馏水直接用作工业水时,应考虑 pH 值的调节措施;

5.4.3.3 当蒸馏水用于高品质要求的场合时,需要进行后处理;

5.4.3.4 当蒸馏水用作生活饮用水时,应符合 GB 5749 的要求;

5.4.3.5 当蒸馏水用于瓶装饮用纯净水时,应符合 GB 17323 的要求。

6 系统要求

6.1 海水水源及取水系统

6.1.1 应了解取排水海域海水水质特点、变化规律,以及周边海洋环境要求。

6.1.2 工程项目应取得近年足够的潮汐数据、水温数据和水质全分析资料。

6.1.2.1 潮汐数据包括当地海域的历年最高、最低潮位的有关数据(包括盐度、悬浮物、COD_{Mn} 等),以及近几年每个月的最高潮位、最低潮位和出现的时间数据。

6.1.2.2 设计前应取得海水水源的全年各季水质全分析资料,不少于 4 份,还应取得取水口全年海水的温度监测数据,对于北方地区的海水淡化工程,尤其应注意冬季海水温度。海水水质分析应包括含沙量和颗粒粒径分布。可参考附录 A。

6.1.3 低温多效蒸馏海水淡化系统的取水方式应根据淡化工艺的具体要求、机组的供水方式以及冷热季的水温差别,并综合考虑近、远期工程的取水要求等因素合理选择。当钢铁厂所取海水用于海水直流冷却时,多效蒸馏装置进水及冷却用水均可采用原海水,当预处理系统对水温有要求时可采用钢铁厂海水冷却水系统排水。当钢铁厂海水冷却水系统为海水循环供水时,其原料海水宜取用原海水。

6.1.4 低温多效蒸馏海水淡化取水应根据选定的方案分别按以下原则设计。

6.1.4.1 直接取用原海水时,取水设施宜与钢铁厂海水冷却水或补充水系统的取水设施一并考虑。一般采用地表取水方式,包括岸边取水、引潮沟和管涵取水等方式。取水构筑物应符合相关规范的规定。

6.1.4.2 取用钢铁厂海水循环冷却水时,可由钢铁厂循环海水供回水管道上直接引管。

6.1.5 原海水取水工程的设置应全面考虑泥沙、冰凌、风浪、海生物、赤潮及其他海洋水文条件对取水设施的影响。

6.1.6 海水取水泵出口处如设置液控缓闭止回阀或电动阀,泵和阀必须用同一路电源,两者的控制系统必须联锁。

6.1.7 海水淡化水源的输送应根据取水量及输送距离,与钢铁厂海水取水系统统一考虑。海水淡化用水输水管道在达到规划容量时,不应少于 2 条,当其中一条停用时,其余管道应能通过最大计算用水量的 70%。

6.2 海水预处理系统

6.2.1 对于低温多效蒸馏海水淡化工艺,应根据设备制造厂商的进水水质要求和当地海域的海水水质,考虑是否需要设置预处理装置。推荐的工艺有：

    a) 海水→混凝、沉淀(澄清)→低温多效蒸馏蒸发装置；

    b) 海水→低温多效蒸馏蒸发装置。

6.2.2 如采用澄清系统，宜选用具有反应、混凝功能的澄清(或沉淀)池，以及平流沉淀池等。具体形式应根据海水水质、处理水量、后续装置进水水质要求等，并结合当地条件选用。

6.3 低温多效蒸馏海水淡化系统

6.3.1 钢铁厂蒸汽种类较多，低温多效蒸馏宜选用带蒸汽热压缩的工艺(LT-MED-TVC)。

6.3.2 低温多效蒸馏海水淡化的造水比(GOR)宜按如下范围选取：

    a) 低温多效蒸馏(MED)：3～7；

    b) 带蒸汽热压缩的低温多效蒸馏(MED-TVC)：6～14，建议8～12。

6.3.3 低温多效蒸馏装置的盐水最高工作温度(盐水顶值温度)应根据 $CaSO_4$ 溶解度特性合理确定。低温多效蒸馏海水淡化装置最高操作温度宜低于70℃。

6.3.4 低温多效蒸馏海水淡化的负荷变化范围宜按50%～110%设计，设计负荷调节范围应根据海水淡化的制水要求、设备及外部条件确定。

6.3.5 计算低温多效蒸馏海水淡化的产品水量时应扣除加热蒸汽的凝结水量。

6.3.6 低温多效蒸馏装置内的浓盐水最高浓度不宜超过70000mg/L。

6.3.7 低温多效蒸馏装置宜按以下原则设计：

6.3.7.1 低温多效蒸馏装置应优先利用钢铁厂的余热蒸汽。

6.3.7.2 低温多效蒸馏装置内除雾器型式应保证除雾效果，通过除雾器蒸汽流速应在除雾器的高效除雾流速范围之内，保证海水淡化水质要求。

6.3.7.3 低温多效蒸馏装置当效数较少时，可采用一级平流供水，当效数较多时宜采用多级供水方式。

6.3.7.4 采用有铝制部件的低温多效蒸馏装置应在入料海水进入蒸发器前设置离子阱装置，以去除铜、镍、汞等金属离子。

6.3.7.5 真空系统宜采用蒸汽喷射器时，启动抽汽系统容量宜在40min～60min内达到蒸发器启动条件，正常运行射汽抽气器宜按2～3级喷射器设置。

6.3.7.6 入料海水进入装置前宜设置海水自动清洗过滤器，过滤器的过滤精度根据装置要求和进水的水质确定。

6.3.8 低温多效蒸馏装置应设置酸洗系统。酸洗系统可以采用固定式设备，也可以采用临时的移动式设备。

6.3.9 低温多效蒸馏海水淡化应有失去蒸汽时的真空保护系统。

6.3.10 低温多效蒸馏海水淡化应设有加热蒸汽超压保护装置，保护动作时间应保证加热设备不超过设备的设计压力。同时还应设置蒸汽超压排放装置，排放装置排放量应保证最大蒸汽进汽压力下加热设备不超过设计压力。

6.3.11 高温管道设计时应充分考虑管道热膨胀造成的应力及对外推力的影响，避免对相关设备产生过大的力和力矩。

6.3.12 蒸馏水和加热蒸汽凝结水的管路上应设置不合格产品水排放管，排水宜回收利用。

6.3.13 低温多效蒸馏海水淡化装机总容量应满足制水要求，设备装机台数建议不少于2台。

6.3.14 海水管路上的过滤器应按处理100%海水量设计，可不设备用。入料海水和换热海水分开的供水系统宜分别按供水要求设置过滤器。

6.3.15 低温多效蒸馏海水淡化装置、蒸馏水储存池(罐)及辅助设施宜布置于室外，布置位置应为蒸发器检修和更换换热管留有足够的空间。寒冷地区的蒸馏装置应考虑防冻措施，必要时可设置封闭设施。

6.3.16 低温多效蒸馏海水淡化系统的总动力盘、总控制盘，应布置在单独的房间内。运行控制室内应有良好的采光和通风。室内不应有穿越的管道。

6.3.17 辅助设备宜室内布置,如采用室外布置应考虑气象环境对设备的影响。

6.3.18 低温多效蒸馏海水淡化装置的总体布置及结构设计应方便设备的安装及检修,主要操作检修设备点应设有通道,高位布置的设备应设有平台楼梯,便于巡视、检修。较重的设备应设置检修起吊设备。

6.4 蒸馏水储存、处理及水质调整

6.4.1 蒸馏水储存

6.4.1.1 蒸馏水储存池(罐)的总有效容积应满足钢铁厂各用户对除盐水的需求量、供应方式和用途的要求。其总有效容积宜按如下原则确定:

    a) 当蒸馏水储存池(罐)作为钢铁厂内全厂除盐水供水时,其总有效容积应满足在一套淡化装置停运检修期间的钢铁厂正常淡水需求。

    b) 当产品水储存箱(池)除供钢铁厂用水外,还向厂外供水时,其总有效容积应满足在一套淡化装置停运检修期间钢铁厂内的正常淡水需求和厂外用户的供水要求。

6.4.1.2 蒸馏水储存池(罐)不应少于2格(座),宜靠近淡化装置布置。

6.4.1.3 根据设计、运行要求,应确定和控制储水罐的最高水位和最低水位,并设置明显的水位尺或水位仪。

6.4.1.4 储水罐的存水停留时间不宜超过3d。

6.4.1.5 储水罐的通气孔、检修人孔,均应有卫生和安全的防护措施。

6.4.2 蒸馏水处理及水质调整

6.4.2.1 蒸馏水应根据其处理工艺、用途进行进一步的处理和水质调整。

6.4.2.2 蒸馏水作为生活饮用水时,应进行加氯、二氧化氯或臭氧消毒处理,并满足GB 5749的要求。

6.4.2.3 蒸馏水作为瓶装饮用纯净水时,应进行加氯、二氧化氯或臭氧消毒处理,并满足GB 17323、GB 17324、GB 19304的要求。

6.4.2.4 蒸馏水作为农田灌溉用水时,应进行加氯、二氧化氯或臭氧消毒处理,并满足GB 5084的要求。

6.4.2.5 蒸馏水作为渔业用水时,应进行加氯、二氧化氯或臭氧消毒处理,并满足GB 11607的要求。

6.4.2.6 蒸馏水的水质调整可采用掺混天然淡水、添加碳酸盐硬度(或石灰)和缓蚀剂联合处理、加碱、碳酸钙矿石过滤等方式。

6.4.2.7 作为工业水时,蒸馏水pH值调整宜采用加氨或NaOH溶液处理,pH值宜按6.0~9.0控制。

6.4.2.8 作为生活饮用水或瓶装饮用纯净水时,蒸馏水pH值调整宜采用加NaOH溶液处理,pH值宜按6.5~8.5控制。

6.4.2.9 蒸馏水处理及水质调整化学加药宜采用自动控制。

6.5 废水处理

6.5.1 海水淡化系统产生的废水主要包括预处理澄清设备排泥水、热交换器换热面清洗排水等。

6.5.2 根据海水淡化系统产生的废水性质、种类、量的大小等因素,设置合理的废水处理系统。

6.5.3 含泥废水宜采用污泥浓缩和脱水处理,污泥脱水后可送往灰场或专门设置的堆放场处置。

6.5.4 热交换器换热面清洗废水中COD值较高时,可采用氧化分解法进行处理。当清洗废水仅pH值超过排放标准时,应进行pH值调整处理。

6.5.5 当排水排至海域时,应满足排放海域的环保要求,不得对海水水质产生影响。

6.6 浓盐水处理

6.6.1 浓盐水应单独处理,或单独输送至用户。

6.6.2 海水淡化系统的浓盐水排放应根据工程的具体情况合理选择。海洋环境要求高时或浓排水有进行综合利用条件时,宜优先考虑对浓盐水进行综合利用。

6.6.3 当排水排至海域时,应满足排放海域的环保要求,不得对海水水质产生影响。

6.7 加药系统

6.7.1 药剂质量应符合相关规定。经入厂检验合格后,方能使用。

6.7.2 与药液直接接触的设施、设备、装置,均应采用耐腐蚀材料或进行衬涂。

6.7.3 药剂的运输、储存、搬运、配制、投送、使用、废弃等,必须符合相应的安全要求和环保要求。

6.7.4 药剂的固定储备量可按最大投药量的30d用量考虑。

6.7.5 加药装置的加药箱的容积,一般为一天的药剂使用量。

6.7.6 加药装置附近必须设置事故池及生活饮用水水质的安全洗眼淋浴器等防护设施。

6.7.7 每个溶液箱应配置液位计及隔离阀,还宜考虑液位报警装置;药箱应考虑底部排水措施,以便排空箱内部残存液。

6.7.8 加药方式应采用计量泵设备,可采用单元制加药或母管加药。在泵的进口处设过滤装置,出口应装设稳压器及安全阀。

6.7.9 海水淡化系统进水的杀菌剂宜采用电解海水制备的次氯酸钠溶液,蒸馏水则应采用有效氯≥10%的次氯酸钠溶液或二氧化氯溶液杀菌。电解制氯用原料水可采用海水淡化系统的浓盐水。

6.7.10 次氯酸钠溶液的设计用量应根据试验数据或相似条件下运行经验的最大用量确定,对于预处理系统的连续加氯量宜控制在 0.5mg/L～1mg/L。对于蒸馏水水质调整系统,根据用途不同,加氯量宜控制余氯在 0.02mg/L～0.05mg/L。

6.7.11 当采用电解海水制备次氯酸钠方式时,应按照以下原则设置:
   a) 进入电解槽前的海水应经过滤处理;
   b) 采用间断投药时,次氯酸钠贮槽的有效容积应满足一次投加的需要量;
   c) 次氯酸钠贮槽应采用可靠的排氢气措施;
   d) 应根据电解槽的结构要求配备辅助除垢的电解槽酸洗设施;
   e) 电解装置中的连接管道应保持流体通畅,不应有气体积聚和死角;
   f) 电气控制设备应布置在单独的房间内。

7 材料及设备要求

7.1 防腐蚀及材料选择

7.1.1 凡接触腐蚀性介质或对出水质量有影响的设备、管道、阀门及构筑物的内表面均应衬涂合适的防腐层或采用耐腐蚀材料。受腐蚀环境影响的设备、管道、阀门及构筑物的外表面应衬涂合适的防腐层。海水预处理设备的防腐蚀可参考附录B的表 B.1,泵、阀、管道的防腐蚀可参考附录B的表 B.2。

7.1.2 防腐蚀材料的选择应考虑使用环境及管道内部的腐蚀条件,包括压力、温度、光照、大气盐雾、介质化学特性、介质流速等因素的影响,并适用于产品水用户要求。

7.1.3 与海水接触的设备如存在不同材质的相互接触,材料接触面应采取可靠的绝缘措施,以防止电化学腐蚀。低温多效蒸馏海水淡化装置的材质应耐海水的腐蚀,并考虑操作温度、海水的 pH 值、O_2 和 CO_2 含量及海水被污染(S^{2-}、NH_4^+ 等)的情况。根据耐蚀要求,其热交换管可选择不锈钢、Cu 合金、Al 合金或 Ti 材;容器可选择不锈钢或碳钢涂防腐层、阴极保护。换热管的顶部的3排宜采用钛管。低温多效蒸馏系统主体设备的防腐蚀可参考附录B的表 B.3。

7.1.4 水箱(池)可采用碳钢、混凝土或整体玻璃钢结构。碳钢水箱内壁应涂衬玻璃钢、高分子涂料或衬橡胶等防腐材料。混凝土水池内壁宜涂衬玻璃钢、高分子涂料等防腐材料。当产品水作为饮用水时,防腐蚀材料应符合饮用水卫生标准。

7.1.5 药品储存箱、溶液箱宜采用碳钢衬胶、玻璃钢或聚乙烯材料。

7.1.6 海水及浓盐水排水管(渠)宜采用耐海水混凝土结构。

7.2 泵、管道、阀门

7.2.1 为了经济运行和操作方便,工作泵分组宜与处理单元相匹配,在某套单元检修停运时便于水量调配。

7.2.2 海水取水泵宜采用变频调节方式。

7.2.3 蒸馏水系统的输水管道宜采用不锈钢管、塑料管、钢塑复合管等具有防腐性能的管道。

7.2.4 对较长、较高或比较复杂的管路,宜设置卡套、法兰等,并以架空或走管沟的形式有序排列敷设,便于现场组装和维护。

7.2.5 对于室外布置的,最低环境温度低于0℃地区的汽、水取样仪表管路应有防冻伴热措施。

8 运行、维护与监测

8.1 运行

8.1.1 系统水回收率应不小于30%。

8.1.2 工艺流程中的生产自用水量占总生产水量的百分比宜小于3%。

8.1.3 应按设计要求和生产情况控制低温多效蒸馏海水淡化装置进出口水流速度、蒸汽温度和流量、停留时间等工艺参数。

8.1.4 海水淡化生产工艺应保证水质、水压符合国家有关标准规范的规定。管网干线水压不应低于0.20MPa。

8.1.4.1 药剂的投加,应配置计量器具进行检测和记录,并合理控制加注率。

8.1.4.2 淡化的电量消耗应按单套淡化系统配置电能表进行测定和记录,并控制最大用电量。

8.1.4.3 生产中的主要设施、设备的运行状况,应制定、实施点检制度,并对主要技术参数进行控制。

8.1.5 如果某些效显示的喷淋流量低于额定值,应提高主海水补给水流量设定值,以维持每一效中良好的喷淋效果。

8.2 维护

8.2.1 如果停机时间较短,宜采用冷态循环模式,在真空环境下使海水和浓盐水系统维持运行状态。

8.2.2 每次计划停机在一周之内且超过2d时,如果不能够维持真空系统和海水补给水系统的运行,应用蒸馏水对淡化装置进行冲洗。需要将蒸发器内的海水全部排放,再以蒸馏水注入蒸发器直至最末效达到最高液位,通过酸洗管线(但不要加酸)进行循环,直至废水中的氯含量小于50mg/L。

8.2.3 长时间停机,应将蒸发器排空并进行冲洗,然后将蒸发器打开并使其彻底干燥,有必要时应使用风扇以热空气吹干。残留的积水应使用吸水布进行彻底清除。

8.2.4 在重新启动海水淡化蒸发器之前,应对蒸发器进行彻底的检查,对所有的锈蚀点进行酸洗和钝化处理去除。

8.2.5 在任何情况下,对蒸发器进行检查时均应采取必要的安全措施。

8.2.6 每6个月需要对蒸发器进行彻底的停机检修。

8.2.7 对蒸汽管线进行维护保养操作时,必须至少采取双重隔离措施。

8.3 监测

8.3.1 对海水淡化生产工艺中的主要工序,必须进行工序参数检测和动态控制。

8.3.1.1 多效蒸馏装置进水水温、浊度、余氯浓度、生蒸汽温度、压力、流量、淡化设备的真空度、产品水电导率、水温、流量,应配置仪表进行监测和记录。

8.3.1.2 新建海水淡化厂水量计量仪表的配备率应达到100%,检测率应达到95%;已建水厂宜达到以上标准。

8.3.2 海水淡化系统的在线监测仪表应根据工艺需要设置,对用于保护、重要调节参数的仪表可双重化设置。

8.3.3 监测项目和频率应符合表3的规定。

表3 监测项目和频率

监测点	监测项目	监测频率
低温多效蒸馏装置海水进水管	水温、悬浮物、浊度、电导率、游离氯、流量、压力、悬浮物粒径分布、盐度、石油类、铁	悬浮物粒径分布一月一次，悬浮物、总铁一天一次，其余在线
低温多效蒸馏装置换热海水管	水温、悬浮物、悬浮物粒径分布、浊度、甲基橙碱度、钙、镁、总铁、氯化物、硫酸盐、石油类、pH 值、异氧菌总数、流量、压力	悬浮物粒径分布、异氧菌总数一月一次，甲基橙碱度、钙、镁、总铁、氯化物、硫酸盐、pH 值一天一次，其余在线
低温多效蒸馏装置蒸汽管	蒸汽量、蒸汽压力、蒸汽温度	在线
TVC 装置蒸汽管	蒸汽量、蒸汽压力、蒸汽温度	在线
MVC 装置蒸汽管	蒸汽量、蒸汽压力、蒸汽温度	在线
低温多效蒸馏装置各效	水温、喷淋水量、海水压力、蒸汽量、蒸汽压力、蒸汽温度、效内真空度	在线
工艺泵出口	水温、流量、压力	在线
效间盐水管	水温、流量、压力、电导率	在线
冷凝水管	水温、流量、压力、电导率	在线
蒸馏水管	水温、流量、压力、pH 值、电导率、硼、铁、铝、铜	硼一天三次，铁、铝、铜一天一次，其余在线
蒸馏水储罐	水温、水位、pH 值、电导率、硼、COD_{Mn}	硼、COD_{Cr}一天三次，其余在线
换热海水排放口	水温、流量、压力	在线
浓盐水管道	水温、流量、压力、pH 值、电导率、盐度、溶解氧、ORP、TOC、COD_{Cr}、石油类、铁、铝、铜	铁、铝、铜一天一次，其余在线

注：表中监测项目可根据各淡化系统水质变化和实际需要，自行确定监测项目和监测频率。
水和蒸汽的温度、压力、流量应在装置或设备管道的额定范围内。

9 检验方法

9.1 取样检测

9.1.1 海水取样检测应符合 GB 3097、GB 17378.3、GB 17378.4 的相关规定。

9.1.2 淡水取样检测应符合如下规定：

9.1.2.1 当蒸馏水用于一般压力锅炉给水时，其水质检测按 GB/T 1576 的相关检测要求；

9.1.2.2 当蒸馏水用于水内冷发电机的冷却水和钢铁厂闭式系统补充水时，其水质检测按 GB 50050 的相关检测要求；

9.1.2.3 当蒸馏水用于品质要求较高的场合时，其水质检测应符合相关检测要求；

9.1.2.4 当蒸馏水用作生活饮用水时，其水质检测按 GB 5749、GB/T 5750 的相关检测要求；

9.1.2.5　当蒸馏水用作瓶装饮用纯净水时,其水质检测按 GB 17323、GB 17324 的相关检测要求。

9.2　自动监测

9.2.1　自动监测应符合国家相关标准和规范的要求。

9.2.2　自动监测仪必须经过相关部门的鉴定和各级计量检定部门的测试。

9.2.3　在使用自动监测仪之前,必须通过国家标准监测分析方法的对比试验,满足自动监测仪的技术要求。

9.2.4　必须取得计量合格证书,运行期间必须按规定定期校验。

9.2.5　要保证水和试剂的纯度要求,并在有效期内使用。

9.2.6　各种计量器具要按规定定期检定。

9.2.7　要注意标准溶液的准确性和有效期限。

9.2.8　每次开机应自动进行仪器的空白试验和仪器校准。对比较稳定的仪器可适当延长仪器校准时间。对红外法总有机碳(TOC)自动监测仪器和光度法自动监测仪器要每次校零。

9.2.9　对自动监测的测量值有疑义时,应进行质控样的分析和水样的实验室内的对比试验,其相对误差应在±10%以内。

9.2.10　流量计必须符合国家颁布的流量计技术要求。流量计应具有足够的测量精度,要选用测量范围内的流量计进行测量。流量计必须定期校准。

9.2.11　应定期检查自动监测仪器或仪表,及时进行修复、校验和维护。

附　录　A

（资料性附录）

海水水质分析检测表

<table>
<tr><td colspan="4">水样种类：</td><td colspan="4">化验编号：</td></tr>
<tr><td colspan="4">取水地点：</td><td colspan="4">取水部位：</td></tr>
<tr><td colspan="4">取水时气温：　　　　℃</td><td colspan="4">取水日期：　　　年　月　日</td></tr>
<tr><td colspan="4">取水时水温：　　　　℃</td><td colspan="4">取样人：</td></tr>
</table>

透明度		色度		嗅		味	
项　目		mg/L	mmol/L	项　目		单位	数值
阳离子	钾、钠(K⁺＋Na⁺)			硬度 (以 CaCO₃ 计)	总硬度	mg/L	
	钙离子(Ca²⁺)				暂时硬度	mg/L	
	镁离子(Mg²⁺)				钙　硬	mg/L	
	铁离子(Fe²⁺)				负硬度	mg/L	
	亚铁离子(Fe³⁺)			酸碱度 (以 CaCO₃ 计)	甲基橙碱度	mg/L	
	铝离子(Al³⁺)				酚酞碱度	mg/L	
	铜离子(Cu²⁺)				酸　度	mg/L	
	镍离子(Ni³⁺)				pH 值	无量纲	
	汞离子(Hg²⁺)			其他指标	悬浮物	mg/L	
	硼离子(B³⁺)				浊　度	NTU	
	氨根(NH₄²⁺)				游离 CO₂	mg/L	
	合　计				盐　度	无量纲	
阴离子	氯化物(Cl⁻)				溶解固形物	mg/L	
	硫酸盐(SO₄²⁻)				全固形物	mg/L	
	碳酸氢根(HCO₃⁻)				含砂量	mg/L	
	碳酸根(CO₃²⁻)				全硅(SiO₂)	mg/L	
	硝酸根(NO₃⁻)				高锰酸盐指数(COD_Mn)	mg/L	
	亚硝酸根(NO₂⁻)				生化需氧量(BOD₅)	mg/L	
	氢氧根(OH⁻)				总有机碳(TOC)	mg/L	
	硫化物(S²⁻)				异氧菌总数	cfu/mL	
					油	mg/L	
	合　计				溶解氧(DO)	mg/L	
离子分析误差				pH 值分析误差			
溶解固体误差							

注：1. 海水水质采样分析执行 GB 17378.3～4 的规定；

　　2. 对于低温多效蒸馏海水淡化系统，有条件时应定期进行海水悬浮物粒径分布测试。

检测单位：　　　　　负责人：　　　　　校核：　　　　　检测：

附 录 B

（资料性附录）

低温多效蒸馏海水淡化系统主要设备的防腐蚀要求

B.1 海水预处理设备防腐蚀技术要求见表 B.1。

表 B.1 海水预处理设备防腐蚀技术要求

序号	设 备	部 件	防腐方法及材料
1	澄清（沉淀）池	池 体	耐海水混凝土、钢衬胶、钢衬玻璃钢、钢涂防腐材料
		机械搅拌机、刮泥机	耐海水腐蚀不锈钢、钢衬橡胶、钢涂 Halar 或尼龙
		出水槽	PVC 塑料、玻璃钢
		内部支撑件	耐海水腐蚀不锈钢
		斜管（板）	乙丙共聚塑料、聚苯乙烯、聚丙烯
2	污泥离心式脱水机	转 鼓	碳钢镀钛、耐海水腐蚀不锈钢
3	污泥压滤式脱水机	板 框	碳钢镀钛、碳钢衬耐海水腐蚀不锈钢
4	水 泵	泵壳、叶轮等过流部件	耐海水腐蚀不锈钢
5	污泥泵	泵 壳	耐海水腐蚀不锈钢、钢衬胶
		叶 轮	耐海水腐蚀材料

B.2 低温多效蒸馏系统主体设备防腐蚀技术要求见表 B.2。

表 B.2 低温多效蒸馏系统主体设备防腐蚀技术要求

序号	设 备	部 件	防腐方法及材料
1	低温多效蒸馏蒸发器	换热管	铜合金、特种铝合金
		壳 体	S31603、碳钢涂环氧涂料加阴极保护、铜合金
		壳体外加强板、管板	S30403、碳钢
		叶片式除雾器	聚丙烯塑料
		网式除雾器	S31603
		内部支撑件	S31603
2	凝汽器	换热管	钛材、铜合金、特种铝合金
		壳 体	S31603、碳钢涂环氧涂料加阴极保护
		壳体外加强板	S30403、碳钢
		管 板	S31603、铜合金、特种铝合金
		内部支撑件	S31603
		水 箱	碳钢衬 S31603、碳钢衬铜镍合金
3	蒸汽喷射器		S31603
4	热压缩机（TVC）		S31603
5	机械压缩机（MVC）		S31603
6	脱气器		碳钢衬橡胶

B.3 泵、阀、管道的防腐蚀技术要求见表B.3。

表 B.3 泵、阀、管道的防腐蚀技术要求

序号	设 备	部 件	防腐方法及材料	技术要求
1	海水泵、盐水泵	泵壳、叶轮等过流部件	超级不锈钢	
2	蒸馏水泵、凝结水泵	泵壳、叶轮等过流部件	S31603	
3	加药泵	泵头及过流部件	S31603、塑料	
4	污泥泵	泵 壳	超级不锈钢、钢衬胶	
		叶 轮	超级不锈钢	
5	管 道	海水管、低温盐水管	玻璃钢、碳钢衬塑、塑料	
		盐水管(80℃以上)	玻璃钢、S31603	
		蒸汽管	S30403	
		淡水管	S30403、碳钢衬塑	
		压缩空气管	S30403	
6	蝶阀、闸阀(海水介质)	阀 板	超级不锈钢、S31603 表面喷涂 Halar	
		密封圈	橡 胶	
7	衬胶隔膜泵		衬橡胶	水中余氯超过 5mg/L 时,宜采用氯磺化聚乙烯橡胶(Hypalon)或聚四氟乙烯(PTFE)
8	其余型式阀门(海水介质)	阀体及过流部件	超级不锈钢、塑料	
9	阀 门(淡水和凝结水介质)	阀体及过流部件	S31603	除衬胶隔膜阀、蝶阀外

附　录　C
（资料性附录）
水质连续自动监测系统检测项目及技术要求

水质连续自动监测系统检测项目及技术要求见表 C.1。

表 C.1　水质自动监测系统检测项目及技术指标

性能指标	COD	石油类	浊度	TOC	流量	pH 值
重复性误差/%	±5	±10	±5	±5	—	+0.1pH
零点漂移/%	±5	±10	±3	±5	—	±0.1pH
量程漂移/%	±5	±10	±5	±5	—	±0.1pH
直线性/%	—	±10	±5	±5	—	—
响应时间/s	—	—	—	间歇式：≤300 连续式：≤900	—	≤30
温度补偿精度	—	—	—	—	—	±0.1pH
MTBF/（小时/次）	≥720	≥720	≥720	≥720	—	≥720
实际水样比对试验/%	±10	±10	±10	±5	—	±0.1pH
电压稳定性/%	±10	±10	±3	±5	—	±0.1pH
绝缘阻抗/MΩ	≥20	≥5	≥5	≥20	—	≥5
邻苯二甲酸氢钾试验/%	±5	—	—	—	—	—
精密度/%	—	—	—	—	≤5.0	—
相对误差/%	—	—	—	—	±10	—

注：MTBF 为平均无故障连续运行时间。

ICS 77_010
H 04

中华人民共和国黑色冶金行业标准

YB/T 4257. 1—2012

钢铁污水除盐技术规范
第1部分：反渗透法

Technology criterion of drainage desalination for steel-making industry

Part 1：Reverse osmosis

2012-05-24 发布

2012-11-01 实施

中华人民共和国工业和信息化部　发 布

目　次

前　言

本部分由中国钢铁工业协会提出。

本部分由全国钢标准化技术委员会归口。

本部分起草单位：首钢总公司、首钢京唐钢铁联合有限责任公司、冶金工业信息标准研究院、北京首钢国际工程技术有限公司。

本部分主要起草人：张建红、吴礼云、仇金辉、林小利、高建平、王丽萍、陈志新、张岩岗、戴强。

本部分为首次发布。

钢铁污水除盐技术规范 第1部分：反渗透法

1 总则

1.1 为提高钢铁企业污水的回收利用水平，制定本部分。

1.2 本部分适用于钢铁污水处理膜法除盐。本部分规定的所有要求是通用的，适用于各种不同处理工艺、不同规模的钢铁污水除盐系统。其他行业也可参照执行。

1.3 钢铁污水除盐除应执行本部分外，还应符合国家现行有关法规和标准的规定。

1.4 工艺路线根据污水水质不同而不同。其中反渗透工序必不可少，其余工序可视具体水质和工艺配置而不同，属于可选或可被替换工序。

1.5 当钢铁污水的含盐量在 1000mg/L～2000mg/L 时，推荐使用本方法进行除盐。

如果工艺工序进行删减，应仅限于本部分第 5.2 节的要求，并且这样的删减不影响钢铁污水处理膜法除盐系统提供满足顾客要求和适用法律法规要求产品的能力或责任。

2 规范性引用文件

下列文件对于本文件的应用是必不可少的。凡是注日期的引用文件，仅注日期的版本适用于本文件。凡是不注日期的引用文件，其最新版本（包括所有的修改单）适用于本文件。

GB/T 1576 工业锅炉水质

GB 13456 钢铁工业水污染物排放标准

GB/T 20103 膜分离技术 术语

GB 50050 工业循环冷却水处理设计规范

3 术语和定义

GB/T 20103 界定的及下列术语和定义适用于本文件。

3.1

钢铁污水 steel-making drainage

是指钢铁生产过程中排放的废水，还包括部分生活污水和在合流制排水系统中截流的雨水，其中生活污水或市政污水量占总水量小于 30%。

3.2

钢铁中水 regenerated steel-making water

是指钢铁污水经适当再生工艺处理后，达到一定的水质标准，满足某种使用功能要求，可以进行有益使用的水。

3.3

反渗透除盐水 desalted water with RO

将钢铁中水经反渗透法处理后得到的成品水，又称脱盐水。

3.4

浓含盐废水 concentrated salt-containing wastewater

含盐量大于等于 2000mg/L 的工业废水，简称浓盐水。

4 工艺及原理

4.1 工艺

综合污水反渗透除盐工艺流程如图 1 所示。

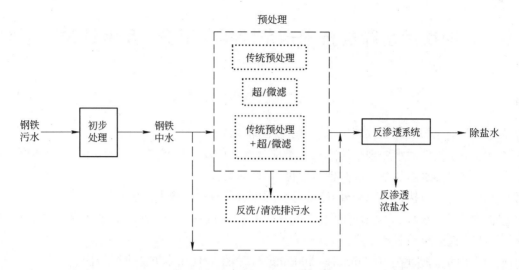

图1 钢铁企业典型的综合污水反渗透除盐工艺流程示意图

4.2 原理

满足反渗透进水水质要求的钢铁中水在反渗透高压泵提供的高于渗透压差的压力作用下,通过反渗透膜进入膜的低压侧,而钢铁中水中的其他组分(如盐)被阻挡在膜的高压侧并随浓盐水排出,从而达到制取除盐水的目的。还需要对反渗透系统进行物理的和化学的清洗以减缓反渗透系统性能的下降。

5 技术要求

5.1 钢铁中水水质

其水质应符合表1规定。

表1 钢铁中水水质表

序 号	检测项目	单位	建议值	允许值
1	磷酸盐	mg/L		≤5
2	硫酸盐(以 SO_4^{2-} 计)	mg/L	≤250	
3	氟化物	mg/L	≤5	
4	铁	mg/L	≤1.0	
5	硫化物	mg/L		≤0.1
6	偏硅酸	mg/L	≤20	≤30
7	总硬度(以 $CaCO_3$ 计)	mg/L	≤450	
8	总碱度(以 $CaCO_3$ 计)	mg/L	≤350	
9	总硬度+总碱度(以 $CaCO_3$ 计)	mg/L	≤700	
10	溶解性总固体(TDS)	mg/L	1000～2000	
11	pH 值	无量纲	7～8	6～9
12	钡	mg/L	≤0.3	
13	锶	mg/L	≤2	
14	锰	mg/L	≤0.04	≤0.1

表1(续)

序 号	检测项目	单位	建议值	允许值
15	锌	mg/L	≤3	
16	铝	mg/L	≤0.3	
17	化学需氧量(COD_{Cr})	O_2,mg/L	≤50	≤60
18	五日生化需氧量(BOD_5)	mg/L	≤5	≤10
19	石油类	mg/L	≤5	
20	悬浮物(SS)	mg/L	≤10	≤30
21	浊 度	NTU	≤5	≤10
22	氨 氮	mg/L	≤5	≤15
23	细菌总数	个/mL	≤1000	≤1×10^5
24	水 温	℃	4~40	
如加酸调 pH 值并结合加阻垢剂,以浓水不结垢为基准,"总硬度+总碱度"可以适当放宽。				

5.2 超/微滤进水

5.2.1 超/微滤进水的水温不得高于 40℃,也不得低于 4℃,以 15℃~35℃为宜。

5.2.2 对于内压式超/微滤,进水浊度不宜高于 5NTU,进水悬浮物不宜高于 10mg/L,油不宜高于 2mg/L,总有机碳(TOC)不宜高于 10mg/L,化学需氧量(COD_{Cr})不宜高于 40mg/L。

5.2.3 对于外压式超/微滤,进水浊度不宜高于 15NTU,进水悬浮物不宜高于 30mg/L,油不宜高于 5mg/L,总有机碳(TOC)不宜高于 25mg/L,化学需氧量(COD_{Cr})不宜高于 60mg/L。

5.2.4 对于浸没式超/微滤,进水悬浮物不宜高于 100mg/L,油不宜高于 5mg/L,总有机碳(TOC)不宜高于 25mg/L,化学需氧量(COD_{Cr})不宜高于 100mg/L。

5.2.5 压力式超/微滤的进水压力宜为 0.2MPa 左右,进水压力不应超过 0.3MPa。

5.3 反渗透进水

5.3.1 反渗透进水的水温不得高于 40℃,也不得低于 4℃,以 15℃~35℃为宜。

5.3.2 反渗透进水浊度不应高于 0.3NTU,进水悬浮物不应高于 1.0mg/L,进水淤泥密度指数(SDI_{15})不宜高于 3,铁不应高于 0.05mg/L,锶和钡的浓度之和不宜高于 0.1mg/L,总有机碳(TOC)不应高于 10mg/L,化学需氧量(COD_{Cr})不得高于 60mg/L,游离氯应小于 0.1mg/L(见表2)。

表2 反渗透进水水质要求

项 目	单位	最高限定	备 注
淤泥密度指数(SDI_{15})		5	最佳值≤3
油 脂	mg/L	0.1	
总有机碳(TOC)	mg/L	10	最佳值≤3 合成有机化合物(SOC)对反渗透膜元件的负面影响比自然界有机物大得多。
化学需氧量(COD_{Cr})	O_2,mg/L	60	最佳值≤10
游离氯	mg/L	<0.1	氯和氧化性物质存在时会导致反渗透膜片的降解。在预处理中宜将所有游离氯去掉。
亚铁离子	mg/L	4	pH<6,氧含量<0.5mg/L 时
铁离子	mg/L	0.1	最佳值≤0.05
锰	mg/L	0.05	
铝	mg/L	0.1	最佳值≤0.05

5.4 除盐水质量

5.4.1 当除盐水用于一般压力锅炉给水时,应满足 GB/T 1576 要求。

5.4.2 当除盐水用于水内冷发电机的冷却水和钢铁厂闭式系统补充水时,应满足 GB 50050 要求。

5.4.3 当除盐水用于品质要求较高的场合时,需要进行后处理。

5.5 系统要求

5.5.1 反渗透除盐生产工艺应保证水质、水压符合设计及国家有关标准的规定。

5.5.2 应按设计要求和生产情况控制各工序的工艺参数。

5.5.3 根据贮存、运输介质的特性和工作参数,应采用符合技术要求的设备、管材、元件和池槽。

5.5.4 工艺流程中水池(箱)的容积应考虑一定的调节容积,保证在设备检修时,系统仍能正常运行。

5.5.5 反渗透装置宜按连续运行考虑,不宜少于 2 套,并应与预处理系统(如有)相匹配,以便于整体系统的调配。

5.5.6 需要对钢铁中水进行加热时,宜利用余热作加热热源。如果没有加热设施,设计上应考虑对膜系统的产水留有余量。

5.5.7 二级反渗透排出的浓盐水应回收利用,可作为一级反渗透的进水。

5.5.8 一级反渗透排出的浓盐水宜回收利用。

5.5.9 超滤系统或微滤系统的反冲洗排水宜回用于预处理系统,预处理系统的反冲洗排水应回收利用。

5.5.10 系统回收率应满足表 3 要求。

表 3　膜法除盐系统回收率

项　目	回收率/%	
	准入值	先进值
反渗透单元	≥70	≥80
膜法除盐系统	≥60	≥70

5.5.11 浓盐水应单独处理,其产品水应单独输送至用户。

5.5.12 浓盐水宜用于高炉炉渣处理、钢渣处理、燃煤锅炉房冲渣、原料场、烧结、粉灰加湿等用户。在浓盐水不能被完全利用之前,上述用户不宜直接使用工业新水、工业废水及其回用水或其他系统的串级补充水。

5.6 材料及设备

5.6.1 膜

5.6.1.1 超/微滤膜元件的型号、数量和运行模式应根据进水水质、水温、产水量、回收率等通过优化计算和技术经济比较确定。

5.6.1.2 反渗透膜元件的型号、数量和运行模式应根据进水水质、水温、产水量、回收、脱盐率等通过优化计算和技术经济比较确定。

5.6.1.3 技术要求应符合表 4 要求。

表 4　钢铁污水处理膜法除盐用膜的性能指标

项　目		平均产水通量 L/(m²·h)	跨膜压差 MPa	回收率 %	脱盐率 %	清洗周期 月	使用寿命 年
超/微滤膜	内压式	45～65	≤0.1	≥90	—	≥3	≥5
	外压式	45～65	≤0.2	≥90	—	≥3	≥5
	浸没式	25～40	≤0.1	≥90	—	≥3	≥5

表4（续）

项 目	平均产水通量 L/(m² · h)	跨膜压差 MPa	回收率 %	脱盐率 %	清洗周期 月	使用寿命 年
反渗透膜元件	与压力和尺寸有关		≥15	≥99	≥3	≥5
反渗透膜系统	17～24(以微/超滤为预处理) 14～20(以传统过滤为预处理)		≥75	≥95	≥3	

5.6.2 过滤器

5.6.2.1 应按正常情况下的滤速选型,并以检修情况下的强制滤速校核。

5.6.2.2 过滤器滤速应根据进水水质、滤后水质要求,通过试验或参照类似条件下已有过滤器的运行经验确定。

5.6.2.3 过滤器的工作压力、工作周期应根据进水水质确定。

5.6.2.4 过滤器冲洗应采用专用反冲洗水泵。

5.6.2.5 如过滤器采用气水冲洗工艺,应采用鼓风机提供气源。严禁采用工厂的压缩空气作冲洗气源。

5.6.2.6 滤料或滤芯应采用有足够机械强度和化学稳定性、杂质少、不含污染环境及有毒、有害的物质。

5.6.3 泵及管道

5.6.3.1 为了经济运行和操作方便,工作泵分组宜与处理单元相匹配,在某套单元检修停运时便于水量调配。

5.6.3.2 反渗透高压泵应采用变频调节方式。

5.6.3.3 中水严禁与生活饮用水管道做任何方式的连接。管道应按有关标准规定标明颜色和"非生活用水"字样,阀门井应铸上"非生活用水"字样。中水管道上严禁安装饮水器和饮水龙头,凡设有出水阀门处均应标明"非生活用水"字样。

5.6.3.4 除盐水系统的输水管道宜采用不锈钢管、塑料管、钢塑复合管等具有防腐性能的管道。

5.6.3.5 对较长、较高或比较复杂的管路,宜设置由令、卡套、法兰等,并以架空或走管沟的形式有序排列敷设,以便于现场组装和维护。

5.6.3.6 中水管道与生活给水管道、排水管道平行和交叉埋设时的净距应符合表5的规定。

表5 中水管道与给水管、排水管的最小净距

给 水 管		排 水 管	
水平净距/mm	垂直净距/mm	水平净距/mm	垂直净距/mm
≥500	≥400	≥500	≥400

5.7 药剂

5.7.1 药剂质量应符合相关规定。经入厂检验合格后,方能使用。

5.7.2 与药液直接接触的设施、设备、装置,均应采用耐腐蚀材料或进行衬涂。

5.7.3 药剂的运输、储存、搬运、配制、投送、使用、废弃等,必须符合相应的安全要求和环保要求。

5.7.4 药剂的固定储备量可按最大投药量的30d用量考虑。

5.7.5 加药装置的加药箱的容积,一般为一天的药剂使用量。

5.7.6 酸的输送应采用负压或酸泵方式,严禁采用压缩空气正压输送方式。

5.7.7 加药装置附近必须设置事故池及生活饮用水水质的安全洗眼淋浴器等防护设施。

5.8 监测点及频率

水质监测应符合表6的规定。

表6 监测项目和频率

监测点	监测项目	监测频率
钢铁污水初步处理设施进水管	水温、pH 值、浊度、硬度、碱度、铁、锰、游离氯、Cl^-、SO_4^{2-}、Al^{3+}、BOD_5、TOC、COD_{Cr}、电导率、石油类	水温、pH 值、浊度、电导率在线，其余一天一次
钢铁中水回用水池	水温、pH 值、浊度、硬度、碱度、铁、锰、游离氯、Cl^-、SO_4^{2-}、Al^{3+}、TOC、COD_{Cr}、电导率、石油类、水位	水温、pH 值、浊度、电导率、水位在线，其余一天一次
过滤器进出水管	水温、pH 值、浊度、电导率、流量、压力	在线
超滤/微滤原水箱	水温、pH 值、浊度、游离氯、TOC、COD_{Cr}、石油类、水位	水温、pH 值、浊度、电导率、水位在线，其余一天一次
超/微滤系统	跨膜压差、膜通量、水温、pH 值、电导率、断丝	在线，断丝检测一周一次
超/微滤产水水箱	水温、pH 值、浊度、游离氯、TOC、COD_{Cr}、SDI、石油类、水位	水温、pH 值、浊度、游离氯、电导率、水位在线，SDI 一天不少于三次，其余一天一次
超滤浓水排放口	水温、流量、压力、浊度	在线
反渗透高压泵进出口	水温、流量、压力	在线
保安过滤器	水温、pH 值、浊度、流量、压力、ORP、游离氯	在线
一级反渗透产水管	水温、流量、压力、pH 值、浊度、硬度、碱度、铁、锰、游离氯、Cl^-、SO_4^{2-}、Al^{3+}、TOC、COD_{Mn}、TDS、电导率、石油类	水温、流量、压力、pH 值、浊度、电导率、游离氯、TOC 在线，其余一天一次
反渗透产水管	水温、流量、压力、pH 值、浊度、硬度、碱度、铁、锰、游离氯、Cl^-、SO_4^{2-}、Al^{3+}、TOC、COD_{Mn}、TDS、电导率、石油类	水温、流量、压力、pH 值、浊度、电导率、TOC 在线，其余一天一次
除盐水储罐	水温、水位、pH 值、电导率	在线
反渗透浓盐水排放口	水温、流量、压力、pH 值、电导率、TOC、COD_{Cr}、TDS、石油类	TOC、COD_{Cr}、TDS、石油类一天一次，其余在线

注：表中监测项目可根据各除盐系统水质变化和实际需要，自行确定监测项目和监测频率。
　　水和蒸汽的温度、压力、流量应在装置或设备管道的额定范围内。

6 检验方法

6.1 检测方法

6.1.1 钢铁污水、反渗透浓盐水水质检测按 GB 13456 的相关检测方法进行；

6.1.2 钢铁中水、超/微滤原水、超/微滤产水的水质检测按 GB 50050 的相关检测方法进行；淤泥密度指数 SDI 的测定按附录 A 进行；

6.1.3 当一级反渗透除盐水用于一般压力锅炉给水时，其水质检测按 GB/T 1576 的相关检测方法进行；当反渗透除盐水用于水内冷发电机的冷却水和钢铁厂闭式系统补充水时，其水质检测按 GB 50050 的相关检测方法进行；

6.1.4 当反渗透除盐水用于一般压力锅炉给水时，其水质检测按 GB/T 1576 的相关检测方法进行；当反渗透除盐水用于水内冷发电机的冷却水和钢铁厂闭式系统补充水时，其水质检测按 GB 50050 的相关检测方法进行；当除盐水用于品质要求较高的场合时，其水质检测应符合相关检测要求。

6.2 自动监测

6.2.1 自动监测应符合国家相关标准的要求,可参考附录 B。

6.2.2 自动监测仪必须经过相关部门的鉴定和各级计量检定部门的测试。

6.2.3 在使用自动监测仪之前,必须通过国家标准监测分析方法的对比试验,满足自动监测仪的技术要求。

6.2.4 必须取得计量合格证书,运行期间必须按规定定期校验。

6.2.5 各种计量器具要按规定定期检定。

6.2.6 要注意标准溶液的准确性和有效期限。

6.2.7 每次开机应自动进行仪器的空白试验和仪器校准。对比较稳定的仪器可适当延长仪器校准时间。

6.2.8 对自动监测的测量值有疑义时,应进行质控样的分析和水样的实验室内的对比试验,其相对误差应在±10%以内。

6.2.9 流量计必须符合国家颁布的流量计技术要求。流量计应具有足够的测量精度,要选用测量范围内的流量计进行测量。流量计必须定期校准。

6.2.10 应定期检查自动监测仪器或仪表,及时进行修复、校验和维护。

附　录　A
（规范性附录）
淤泥密度指数 SDI$_{15}$ 的测定

淤泥密度指数 SDI$_{15}$ 值是表征反渗透系统进水水质的重要指标。

下文介绍了测定 SDI$_{15}$ 值的标准方法,其方法的基本原理是测量在 30psi 给水压力下用 0.45μm 微滤膜过滤一定量的原水所需要的时间。

A.1　测试仪器的组装

A.1.1　按图 A.1 组装测试装置;

A.1.2　将测试装置连接到 RO 系统进水管路取样点上;

A.1.3　在装入滤膜后将进水压力调节至 30psi。在实际测试时,应使用新的滤膜。

为获取准确测试结果,应注意下列事项:

　　a)　在安装滤膜时,应使用扁平镊子以防刺破滤膜;

　　b)　确保 O 形密封圈清洁完好并安装正确;

　　c)　避免用手触摸滤膜;

　　d)　事先冲洗测试装置,去除系统中的污染物。

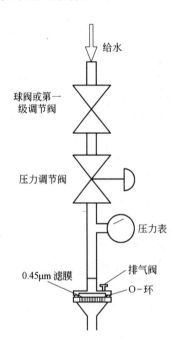

图 A.1　SDI$_{15}$ 测试装置示意图

A.2　测试步骤

A.2.1　记录测试温度。在试验开始至结束的测试时间内,系统温度变化不应超过 1℃。

A.2.2　排除过滤池中的空气压力。根据滤池的种类,在给水球阀开启的情况下,或打开滤池上方的排气阀,或拧松滤池夹套螺纹,充分排气后关闭排气阀或拧紧滤池夹套螺纹。

A.2.3　用带有刻度的 500mL 量筒接取滤过水以测量透过滤膜的水量。

A.2.4　全开球阀,测量从球阀全开到接满 100mL 和 500mL[注1]水样的所需时间并记录。

A.2.5 5min 后，再次测量收集 100mL 和 500mL 水样的所需时间，10min 及 15min 后再分别进行同样测量。

A.2.6 如果接取 100mL 水样所需的时间超过 60s，则意味着约 90％ 的滤膜面积被堵塞，此时已无需再进行实验。

A.2.7 再次测量水温以确保与实验开始时的水温变化不超过 1℃。

A.2.8 实验结束并打开滤池后，最好将实验后的滤膜保存好，以备以后参考。

A.3 计算公式

$$\mathrm{SDI}_{15} = \frac{P_{30}}{T_t} = 100 \times \frac{1 - \dfrac{T_i}{T_f}}{T_t} \quad\cdots\cdots\cdots\cdots\cdots\cdots\cdots\cdots\cdots\cdots\cdots\cdots\cdots\cdots \text{(A.1)}$$

式中：

SDI_{15}——淤泥密度指数；

P_{30}——在 30psi 给水压力下的滤膜堵塞百分数；

T_t——总测试时间，单位为分钟(min)。通常 T_t 为 15min，但如果在 15min 内即有 75％ 的滤膜面积被堵塞[注2]，测试时间就需缩短；

T_i——第一次取样所需时间；

T_f——15min(或更短时间)以后取样所需时间。

注1:接取 500mL 水样所需时间大约为接取 100mL 水样所需时间的 5 倍。如果接取 500mL 所需时间远大于 5 倍，则在计算 SDI 时，应采用接取 100mL 所用的时间。

注2:为了精确测量 SDI_{15} 值，P_{30} 应不超过 75％，如果 P_{30} 超过 75％ 应重新试验并在较短时间内获取 T_f 值。

附　录　B

（资料性附录）

水质连续自动监测系统检测项目及技术要求

水质连续自动监测系统检测项目及技术要求见表 B.1。

表 B.1　水质自动监测系统检测项目及技术指标

性能指标	氨　氮		六价铬	COD_Cr	总磷	石油类	浊度	TOC	流量	pH 值
	电极法	光度法								
重复性误差/%	±5	±10	±10	±5	±10	±10	±5	±5	—	±0.1pH
零点漂移/%	±5	±10	±5	±5	±5	±10	±3	±5	—	±0.1pH
量程漂移/%	±5	±10	±10	±5	±10	±10	±5	±5		±0.1pH
直线性/%	—	±10	±10	—	±10	±10	±5	±5		—
响应时间/s	300	—	—	—	—	—	—	间歇式：≤300 连续式：≤900	—	≤30
温度补偿精度	≤0.1mS/L	—	—	—	—	—	—	—	—	±0.1pH
MTBF /（小时/次）	≥720	≥720	≥720	≥720	≥720	≥720	≥720	≥720	—	≥720
实际水样比对试验/%	±10	±10	±10	±10	±10	±10	±10	±5	—	±0.1pH
电压稳定性/%	—	—	±10	±10	±10	±10	±3	±5	—	±0.1pH
绝缘阻抗/MΩ	—	—	≥5	≥20	≥5	≥5	≥5	≥20	—	≥5
邻苯二甲酸氢钾试验/%	—	—	—	±5	—	—	—	—	—	—
精密度/%	—	—	—	—	—	—	—	—	≤5.0	—
相对误差/%	—	—	—	—	—	—	—	—	±10	—

注：MTBF 为平均无故障连续运行时间。

ICS 77.140.50
H 46

中华人民共和国黑色冶金行业标准

YB/T 4258—2012

彩色涂层钢带生产线用焚烧炉和固化炉节能运行规范

Operation specification of incinerator and oven for CCL

2012-05-24 发布

2012-11-01 实施

中华人民共和国工业和信息化部　发布

前　　言

本标准由中国钢铁工业协会提出。

本标准由全国钢标准化技术委员会归口。

本标准起草单位：浙江华东轻钢建材有限公司、北京星和众工设备技术有限公司、首钢总公司、江苏凯特尔新型复合饰材有限公司、山东鲁阳股份有限公司、重庆万达薄板有限公司、冶金工业信息标准研究院。

本标准主要起草人：何长化、许秀飞、仇金辉、沈伟根、汪为健、耿凯、鹿成滨、乔建军、毛金浩、刘长蕾、王晓杰、鹿小鹏、赵宝玉、罗一飞、王永强。

本标准为首次发布。

彩色涂层钢带生产线用焚烧炉和固化炉节能运行规范

1 总则

1.1 为了促进企业节能减排,提高生产运行效率,推动节能技术进步和环保效果,特制定本规范。

1.2 本标准规定了彩色涂层钢带生产线用焚烧炉和固化炉操作运行技术原则。

1.3 在本标准基础上企业结合实际,因地制宜,择优确定操作。

1.4 本标准适用于彩色涂层钢带生产线中以气体燃料和电力等为供给能的焚烧炉和固化炉的操作运行。

1.5 在操作中除应遵循本标准外,还应符合国家现行相关的法律、法规和标准。

2 规范性引用文件

下列文件对于本文件的应用是必不可少的。凡是注日期的引用文件,仅所注日期的版本适用于本文件。凡是不注日期的引用文件,其最新版本(包括所有的修改单)适用于本文件。

GB/T 2589 综合能耗计算通则

GB/T 12723 单位产品能源消耗限额编制通则

GB/T 15587 工业企业能源管理导则

GB 16297 大气污染物综合排放

GB 17167 用能单位能源计量器具配备和管理通则

YB/T 4210 彩色涂层钢带生产线焚烧炉和固化炉热平衡测定与计算

3 节能管理

3.1 企业应建立相应的能源管理体系,根据 GB/T 15587 的要求完善组织结构、落实管理职责、配备计量器具、制定和执行有关文件,开展各项管理活动。

3.2 企业应按照 GB/T 2589、GB/T 12723 和行业规定,制定能源消耗定额。按规定对实际用能进行计量、统计和核算,并依据生产条件的变化,及时修订能源消耗定额。

3.3 应配备受过专门教育和培训,具有专业知识、生产经验和组织能力的各级管理人员和技术人员。

3.4 企业的计量器具配备及管理应按照 GB 17167 的规定进行。

3.5 企业在编制生产计划时应充分考虑节能因素,最大限度地保证生产线连续运行,最大限度地保证生产线满负荷运行。

3.6 企业应优先采用备用辊涂机、快速换辊等技术,最大限度地减少生产过程中焚烧炉和固化炉的等待时间。

3.7 焚烧炉和固化炉配套的风机应优先采用变频调速技术,减少电力消耗。

3.8 固化炉内排出的含有机溶剂废气严禁直接排放,必须进行无害化处理。保证最终排放的气体达到 GB 16297 的规定。

3.9 采用焚烧炉进行无害化处理的应进行余热利用,排烟温度应低于 200℃。

3.10 工艺技术人员在制定生产工艺参数时应充分考虑节能因素,实现焚烧炉和固化炉的优化运行。

3.11 在炉膛与外界相连的法兰口(如炉门、观察孔等),在检修后都应使用环保高效的密封材料密封(如陶瓷纤维等),避免使用石棉材质密封材料。

3.12 耐火衬里材料应选用低蓄热量、导热系数低的高温绝热陶瓷纤维等轻质材料,达到节能降耗、减少钢材用量等效果。同时,对衬里结构进行合理设计,以降低工程造价。

4 开炉操作

4.1 开炉前的准备

4.1.1 新建和大修过的焚烧炉以及相关的管道系统应分别进行冷态气密性检测,防止气体的泄漏。

4.1.2 新建和大修过的焚烧炉和固化炉以及相关的管道系统必须按照设计要求进行烘干,保证在运行中不会有水蒸气挥发。

4.1.3 燃气管道应进行气密性检测,并对管道内的空气充分进行置换。

4.1.4 确认加热系统、测温系统、温控系统经检查验收合格并处于正常工作状态。

4.1.5 确认安全保证系统(如防爆装置、可燃气体检测装置等)符合设计要求。

4.1.6 确认有关生产准备工作已经完成,符合开机运行的条件。

4.2 开炉操作

4.2.1 不管是正常开炉还是故障停机后恢复运行,每次开炉加热前应预通风,启动固化炉的所有循环风机、新风风机、废气风机和焚烧炉的排烟风机,使焚烧炉和固化炉内气体充分置换。预通风一般在15min以上,确保炉内可燃气体浓度处于安全范围。预通风结束后,才允许启动加热器。

4.2.2 炉子开始升温后不允许对炉体、管道等进行任何维修施工。

4.2.3 将加热系统设置在自动状态,按照工艺要求设定焚烧炉、固化炉各炉区的温度。

4.2.4 固化炉在升温阶段,在保证焚烧炉换热器不被烧坏的前提下,可以适当减少固化炉的补新风量和废气排量,以减小炉子的热负荷,达到缩短空炉升温时间的目的。

4.2.5 按照燃烧机或加热器的操作规程,先开始焚烧炉的加热,然后启动固化炉加热系统。

4.2.6 加热系统启动后应观察5min~10min,确保稳定正常工作。

4.2.7 如果加热系统启动失败,按照4.2.1条的规定进行预通风。

4.2.8 当焚烧炉、固化炉温度均达到规定数值后,及时开始生产作业。

5 焚烧炉运行

5.1 运行中应确认废气进入换热器的温度、流量,以及进入焚烧室的温度等参数,如有异常及时调整。

5.2 热力燃烧焚烧炉运行中应确认焚烧室加热器的工作情况,确保焚烧室温度在750℃以上。

5.3 热力燃烧焚烧炉运行中应确认焚烧室内气体的流速和流动情况,确保废气与空气充分湍流混合且焚烧时间符合设计要求。

5.4 催化燃烧焚烧炉运行中应确认预热加热器的工作情况,进入催化室前的废气温度应在340℃~380℃范围内。

5.5 催化燃烧焚烧炉运行中应确认催化燃烧后的气体温度,通过前后的温差确认燃烧的效果。

5.6 运行中应确认送至固化炉间接加热后的空气或直接利用的焚烧气体的温度、流量等参数,如有异常及时调整。

5.7 运行中应确认风机电机电流是否在规定的范围内。

5.8 定期到现场确认各处阀门是否在正常位置,冷却水供应是否正常,风机、阀门运转是否正常,电气控制是否正常,有无气体泄漏等事项。

5.9 燃气炉应按照要求严格控制燃烧空气系数,每天定期到现场确认燃烧火焰和排烟的颜色是否正常。

5.10 电加热炉应确认加热元件的电流以及相平衡情况,每天定期到现场确认导线的温度、接线柱是否正常。

5.11 定期到现场测量炉壁、管道外表的温度,应符合表1的规定。

表 1

内部温度/℃	表面温度/℃	
	侧　面	顶　面
<500	≤40	≤60
500～700	≤60	≤80
>700	≤80	≤90

注1：检测点距热短路点500mm以上；

注2：表中数值为环境温度20℃时，正常工作的炉子、管道外表面温度。

5.12　炉内温度设定应按照产品的要求合理设置，不允许超过设计规定，确认实际温度情况，并对温度计的准确性做出判断。

6　固化炉运行

6.1　运行中应确认各炉区的温度和钢带温度等参数，如有异常及时调整。

6.2　直接加热固化炉的循环介质体积流量应不少于加热系统燃烧产物体积流量的10倍。

6.3　燃气直接加热固化炉应按照要求严格控制燃烧空气系数，每天定期到现场确认燃烧火焰和排烟的颜色是否正常。

6.4　电力直接加热固化炉应确认加热元件的电流以及相平衡情况，每天定期到现场确认导线的温度、接线柱是否正常。

6.5　在保证有机物的浓度低于其爆炸极限下限25％的前提下，尽量减小废气风机的流量。

6.6　在固化炉的入口和出口，采取必要的措施防止炉内气体的逸出。

6.7　固化炉采取微负压操作，不允许采用正压的方法防止炉内气体的逸出。

6.8　运行中应确认风机电机电流是否在规定的范围内。

6.9　每天定期到现场确认各处阀门是否在正常位置，冷却水供应是否正常，风机、阀门运转是否正常，电气控制是否正常，有无气体泄漏等事项。

6.10　定期到现场测量一次炉壁、管道外表的温度，应符合表1的规定。

6.11　炉内温度设定应按照产品的要求合理设置，不允许超过设计规定，须确认实际温度情况，并对温度计的准确性做出判断。

6.12　生产线的速度应在保证产品质量的前提下以最高的速度运行。

7　停炉操作

7.1　在生产线涂层作业结束后及时进行焚烧炉和固化炉的停炉操作。

7.2　停止加热的顺序是先停止固化炉加热，在固化炉内的可燃气体基本都焚烧完毕后停止焚烧炉作业。

7.3　关闭加热器的作业按照相应的规程进行。

7.4　在固化炉加热器关闭5min～10min后，且固化炉温度低于100℃时，及时关闭循环风机和废气风机。

7.5　在焚烧炉加热器关闭5min～10min后，且焚烧炉温度低于300℃时，及时关闭新风风机和废气风机。

7.6　特别注意在炉内氧含量小于18％或通风效果不良时，不允许进入炉内作业。

8　节能诊断

8.1　燃气加热炉应每年进行一次系统的节能诊断，项目和方法如下：

8.1.1 测量各个燃烧器的实际空气流量和燃气流量,以准确地计算实际空气过剩系数,并对生产线在线流量计的准确性进行验证。

8.1.2 测量各个燃烧器的燃烧产物的成分,确认燃气的化学热是否得到全部利用。

8.1.3 测定热交换器前后的含氧量,以确认热交换器有无泄漏。

8.1.4 测定最终排放废气成分,确认是否符合 GB 16297 的规定,确认废气的化学热是否得到全部利用。

8.2 焚烧炉和固化炉系统应每年进行一次热效率的测试,方法按照 YB/T 4210 执行。

ICS 77.140.50
H 46

中华人民共和国黑色冶金行业标准

YB/T 4259—2012

连续热镀锌钢带生产线用加热炉
节能运行规范

Operation specification of reheating furnace for CGL

2012-05-24 发布

2012-11-01 实施

中华人民共和国工业和信息化部　发布

YB/T 4259—2012

前　言

本标准由中国钢铁工业协会提出。

本标准由全国钢标准化技术委员会归口。

本标准起草单位：浙江华东轻钢建材有限公司、北京星和众工设备技术有限公司、首钢总公司、山东鲁阳股份有限公司、重庆万达薄板有限公司、冶金工业信息标准研究院。

本标准主要起草人：许秀飞、仇金辉、何长化、汪为健、沈伟根、张成田、乔建军、毛金浩、李呈顺、王晓杰、鹿小鹏、赵宝玉、王永强。

本标准为首次发布。

连续热镀锌钢带生产线用加热炉节能运行规范

1 范围

1.1 为了促进企业节能减排,提高生产运行效率,推动节能技术进步和环保效果,特制定本标准。

1.2 本标准规定了热镀锌加热炉操作运行技术原则。

1.3 在本标准基础上结合实际,根据自己特点,因地制宜,择优确定操作。

1.4 本标准适用于连续热浸镀锌钢带生产线中以气体燃料和电力等为供给能的加热炉的操作运行,钢带连续退火生产线退火炉的操作运行可参考执行。

1.5 在操作和施工中除应遵循本标准外,还应符合国家现行相关的法律、法规和相应标准。

2 规范性引用文件

下列文件对于本文件的应用是必不可少的。凡是注日期的引用文件,仅所注日期的版本适用于本文件。凡是不注日期的引用文件,其最新版本(包括所有的修改单)适用于本文件。

GB/T 2589　综合能耗计算通则

GB/T 12723　单位产品能源消耗限额编制通则

GB/T 15587　工业企业能源管理导则

GB 16297　大气污染物综合排放

GB 17167　用能单位能源计量器具配备和管理通则

YB/T 4211　热浸镀锌生产线加热炉热平衡测定与计算

3 节能管理

3.1 企业应建立相应的能源管理体系,根据 GB/T 15587 的要求完善组织结构、落实管理职责、配备计量器具、制定和执行有关文件,开展各项管理活动。

3.2 企业应按照 GB/T 2589、GB/T 12723 和行业规定,制定能源消耗定额。按规定对实际用能进行计量、统计和核算,并依据生产条件的变化,及时修订能源消耗定额。

3.3 应配备受过专门教育和培训,具有专业知识、生产经验和组织能力的各级管理人员和技术人员。

3.4 企业的计量器具配备及管理应按照 GB 17167 的规定进行。

3.5 企业在编制生产计划时应充分考虑节能因素,最大限度地保证生产线连续运行,最大限度地保证生产线满负荷运行。

3.6 加热炉配套的风机优先采用变频调速技术,减少电力消耗。

3.7 加热炉内排出燃烧废气的余热必须充分利用,保证最终排放废气的温度低于 200℃,成分必须达到 GB 16297 的规定。

3.8 工艺技术人员在制定生产工艺参数时应充分考虑节能因素,实现加热炉的优化运行。

3.9 在炉膛与外界相连的法兰口(如炉门、观察孔等),在检修后都应使用环保高效的密封材料密封(如陶瓷纤维等),避免使用石棉材质密封材料。

3.10 耐火衬里材料应选用低蓄热量、导热系数低的高温绝热陶瓷纤维等轻质材料,达到节能降耗、减少钢材用量等效果。同时,对衬里结构进行合理设计,以降低工程造价。

4 气密性检测

4.1 镀锌加热炉第一次投入运行前或大修后再投入运行前应进行气密性检测操作。

4.2 检测前的准备工作

4.2.1 确认压缩空气、冷却水、氮气、氢氮混合气等公用辅助设施处于完好状态,随时可以启动。

4.2.2 检测可以用压缩空气,也可用氮气。如检测后还需进入炉内的话,推荐使用压缩空气。

4.2.3 将加热炉的入口、出口用盲板密封好,所有炉盖要安装紧固,排气放散阀密封好,所有法兰连接处螺栓紧固好。

4.2.4 确认加热炉的窥视孔、热交换器、防爆电阻丝、导电杆、测温热电偶、断带保护器、炉气取样孔、板温计孔等处于密封状态。

4.2.5 切断加热炉所有进气管道阀门(检漏用气管道除外)。

4.2.6 准备好足够并符合要求的检测工具,如:U型玻璃水柱压力计、电焊机、洗衣粉、毛刷、小塑料桶、记号笔、梯子、对讲机、密封胶等。

4.3 检测方法

4.3.1 首先打开气源,将检测用气送至加热炉炉膛,并通过控制气源的进气量,使炉膛压力控制在卧式炉 1500Pa～3000Pa、立式炉 1000Pa～1500Pa。

4.3.2 采用在被检部位涂刷洗衣粉液的方法进行检测,重点是密封部位、焊缝。

4.3.3 第一轮检测结束后,停止供气,处理泄漏点。

4.3.4 以上处理完毕后,进行第二轮检测,方法和上面相同,直到加热炉达到密封要求为止。

4.3.5 镀锌加热炉密封性:在 1000Pa 的压力之下保持 15min 后的压力不低于 200Pa。如达不到这一标准,还需要继续进行检测。

5 烘炉操作

5.1 烘炉前的准备

5.1.1 加热炉应在冷态进行气密性检测,并达到验收标准。

5.1.2 所有管道都应进行气密性检测,达到验收标准,并对管道内的空气用氮气进行充分置换。

5.1.3 露点仪、气体分析仪必须安装完毕,并验收合格。

5.1.4 加热系统、测温系统、温控系统经检查验收合格并处于工作状态。

5.1.5 准备表面温度计一台(测温范围 0～200℃)。

5.1.6 防爆装置、防爆电阻丝、炉压仪、板温计等仪表设备都安装完毕并验收合格。

5.1.7 炉辊传动系统工作正常。

5.1.8 确认加热炉用气体是否符合表1的要求。

表1

分　类	纯度/%	氧含量/×10⁻⁴%	露点/℃	用　途
粗　氮	≥99	—	—	炉内气体置换
精　氮	≥99.995	≤5	≤−60	保护与密封
应急氮	≥99.5	≤50	≤−40	停电应急使用
氢氮混合气	≥99.995	≤5	≤−65	还　原

5.2 烘炉操作

5.2.1 加热炉烘炉升温应严格按烘炉程序进行。

5.2.2 当炉温达到 140℃时,打开放散阀,同时在炉内通入粗氮,流量按照设计要求实施。

5.2.3 当炉温达到 200℃时,开始向冷却系统换热器和炉辊通入冷却水。

5.2.4 当炉温升至 300℃时,开始将炉辊投入低速运转状态,防止炉辊变形。

5.2.5 当炉温升至 400℃时,开始将冷却风机投入低速运转状态。

5.2.6 当炉温升至 500℃时,停止在炉内通入粗氮,开始通入精氮,流量按照设计要求实施。

5.2.7 通入精氮超过 24h 以后,开始测量炉气成分。

5.2.8 当炉温升至 700℃、炉内气体含氧量≤$200×10^{-4}$%且炉压高于 50Pa～100Pa 时,可以通入含氢 5%的氢氮混合气,流量按照设计要求实施。

5.2.9 当炉温升至 800℃时,打开所有的露点仪,进行露点测量。

5.2.10 当炉气露点≤−20℃时,将氢氮混合气的浓度提高到正常比例。

5.2.11 在炉温达到 700℃～800℃高温的情况下,通入设计流量的氢氮混合气体,连续测量炉气成分和露点,如连续 1h 炉内气体含氧量稳定≤$65×10^{-4}$%,且炉子快冷段的炉气露点稳定达到−35℃～−40℃,均热段炉气露点稳定达到−25℃～−35℃就认为合格,如果不合格应继续烘炉。

5.2.12 当烘炉标准达到后,开始降温。

5.2.13 当炉温降至 650℃时,通入精氮吹扫。

5.2.14 当炉内氢气含量小于 0.5%时可以打开炉门穿带。

6 穿带操作

6.1 穿带前应特别注意采用氮气充分吹扫炉内的气体,确认炉内氢气含量小于 0.5%。

6.2 穿带前应确认明火加热区加热烧嘴已经关闭,炉区其他运转条件均已具备,炉辊处于低速转动状态。

6.3 穿带前应准备好穿针、三脚架、链条或穿带绳、卸扣、钩子等工具及辅助材料。

6.4 穿带前应确认整个生产线的运转条件均已具备。

6.5 穿带过程按照各自炉型的工艺规程进行。

7 开炉操作

7.1 加热炉升温前,要通入氮气赶排炉内空气,并通过调整炉子各放散阀,控制炉压在 50Pa～100Pa。

7.2 后续步骤按 5.2.8、5.2.9、5.2.10 要求操作。

7.3 炉子开始升温后,不允许对炉体、管道等进行任何维修施工。

7.4 检查防爆电阻丝、防爆孔的情况。

7.5 掌握炉内气氛情况。

8 运行操作

8.1 运行中应确认炉内气体供应情况,确保炉压在 50Pa～80Pa,如炉压较低,优先检查炉门的密封性能并采取相应措施,尽可能不采取增加气体流量提高炉压的方法。

8.2 运行中确认炉内气体露点是否在规定的范围内,变化趋势是否合理,一般要求还原区应控制在−35℃以下。

8.3 运行中应确认炉内气体氢含量是否在规定的范围内,变化趋势是否合理,一般要求卧式炉控制在 15%～25%、立式炉控制在 5%～15%。

8.4 运行中应确认炉内气体氧含量变化趋势是否合理,一般要求还原区必须控制在 $65×10^{-4}$%以内。

8.5 运行中应确认驱动电机电流是否在规定的范围内。

8.6 每天定期到现场确认各处阀门是否在正常位置,炉门是否处于正常状态,冷却水供应是否正常,风机、炉辊运转是否正常,电气控制是否正常,防爆孔、防爆电阻丝是否正常,有无燃气、保护气体泄漏等事项。

8.7 应严格控制燃气炉内燃烧空气系数,一般无氧炉区控制在 0.94～0.98、辐射管控制在 1.05～1.15

范围内。

8.8 应确认电加热炉中加热元件的电流以及相平衡情况。

8.9 定期到现场测量炉壁、管道外表的温度,要求符合表2的要求。

表2

内部温度/℃	表面温度/℃	
	侧 面	顶 面
<500	≤40	≤60
>500～700	≤60	≤80
>700～900	≤80	≤90
>900	≤90	≤100

注1:检测点距热短路点500mm以上;
注2:表中数值为环境温度20℃时,正常工作的炉子、管道外表面温度。

8.10 炉内温度设定应按照产品的要求合理设置,不允许超过设计规定,确认实际温度情况,并对温度计的准确性做出判断。

8.11 生产线的速度应在保证产品退火效果的前提下设定,产量不能超过炉子的能力。

8.12 确认钢板退火温度和入锅温度,保证产品质量。

9 停炉操作

9.1 停炉降温时,首先关闭氢氮混合气体总阀,同时打开粗氮气阀,通入粗氮气赶排炉内氢气,在通氮赶氢过程中,炉温应保持在650℃以上。

9.2 在关闭氢氮混合气体自动阀门后,还应关闭手动阀门,防止自动阀门关闭不严造成泄漏。

9.3 特别注意在炉内氢含量大于0.5%时,不允许对炉子进行任何操作。

9.4 当炉气中的氢含量小于0.5%,且炉温低于200℃时,可以停止通氮,炉子自然降温。

9.5 炉温低于300℃时,停止炉辊转动,关闭冷却水。

9.6 炉温低于200℃时,可以打开炉门并向炉内吹风。

9.7 特别注意在炉内氧含量小于18%或通风效果不良时,不允许进入炉内。

10 节能诊断

10.1 燃气加热炉应每年进行一次系统的节能诊断,项目和方法如下:

10.1.1 分组测量各组燃烧器的总体空气流量和燃气流量,以准确地计算实际空气过剩系数,并对生产线在线流量计的准确性进行验证。

10.1.2 逐个测量各燃烧器的空气和燃气压力,确认其平衡情况。

10.1.3 测定废气/助燃空气热交换器前后的含氧量,以确认热交换器有无泄漏。

10.1.4 测定各废气排放点的废气成分,确认是否符合GB 16297的规定。

10.1.5 改良森吉米尔加热炉在无氧化加热区内离燃烧器稍远的非火焰区测量内部炉气的成分,确认实际燃烧情况是否合理。

10.1.6 改良森吉米尔加热炉在预热区内部测量炉气成分,确认燃气的化学热是否得到全部利用。

10.1.7 改良森吉米尔加热炉预热区测量后燃烧器空气流量,并加上无氧化加热区的空气流量,与无氧化加热区的燃气流量进行比较,确认预热区和无氧化加热区总体的空气过剩系数,其数值是否处于空气相对过剩状态,一般在 1.02～1.05 范围内。

10.1.8 改良森吉米尔加热炉测量废气管道入口的成分与温度,判断炉门密封是否合适以及热能过剩损失是否过高,一般废气管道入口的氧含量在 2%以内且温度在 700℃以内。

10.1.9 辐射管加热区分析各个辐射管排出的废气成分,确认燃气的化学热是否得到全部利用。

10.1.10 辐射管加热区测量各个辐射管废气出口负压,一般应达到-90Pa～-120Pa。

10.1.11 辐射管加热区测量各个辐射管的密封程度,首先关掉燃气和点火燃烧器,只供应助燃空气,待约 5min 使辐射管内全部充满空气时,测量经辐射管到达热交换器入口的气体中的含氧量,如与大气中的含氧量(20.9%)一致,则说明无泄漏,如含氧量低于这个数值,则说明有炉气进入辐射管,使含氧量下降了,其下降的幅度也反映了泄漏程度的大小。

10.2 加热炉应每年进行一次热效率的测试,方法按照 YB/T 4211 执行。

ICS 77.140.99
H 04

中华人民共和国黑色冶金行业标准

YB/T 4268—2012

矿热炉低压无功补偿技术规范

Technical specification of submerged arc furnace low voltage
reactive power compensation

2012-05-24 发布

2012-11-01 实施

中华人民共和国工业和信息化部　发布

前　言

本规范由中国钢铁工业协会提出。

本规范由全国钢标准化技术委员会归口。

本规范起草单位：宜兴市宇龙电炉成套设备有限公司、上海南自科技股份有限公司、冶金工业信息标准研究院、北京麦特莱吉工程技术有限公司、湖北华宏电力科技有限公司。

本规范主要起草人：庞全法、叶选茂、瞿桂荣、仇金辉、高建平、闫青林、张浩、杨佳雷、高德云。

本规范为首次发布。

矿热炉低压无功补偿技术规范

1 总则

1.1 为了降低矿热炉短网的无功损耗,促进矿热炉行业的节能,提高矿热炉炉变和短网电效率,充分发挥矿热炉低压无功补偿的节能效果,特制定本规范。

1.2 本规范规定了矿热炉低压无功补偿技术的设计、设备选型、安装、验收、生产操作与维护过程等技术原则。

1.3 矿热炉低压无功补偿系统主要参数的设计及主要元器件的选择,应保证对矿热炉低压侧短网的谐波具有吸收作用。

1.4 矿热炉低压无功补偿系统的设计选型与管理除应遵循本规范外,应符合国家现行相关的法律、法规和相应标准。

1.5 其他相关行业可参照本规范执行。

2 规范性引用文件

下列文件对于本文件的应用是必不可少的。凡是注日期的引用文件,仅所注日期的版本适用于本文件。凡是不注日期的引用文件,其最新版本(包括所有的修改单)适用于本文件。

GB 2900.15 电工名词术语

GB 10229 电抗器

GB/T 12747 标称电压 1kV 及以下交流电力系统用自愈式并联电容器

GB/T 14048.1 低压开关设备和控制设备总则

GB/T 14549 电能质量公用电网谐波

DL/T 621 交流电器装置的接地

JB 4012 低压空气式隔离器、开关、隔离开关及熔断器组合电器

JB/T 7122 交流真空接触器基本要求

3 术语和定义

下列术语和定义适用于本文件。

3.1

矿热炉短网 submerged arc furnace

指矿热炉炉变低压侧出线端子与电极之间的大电流载流体。

3.2

矿热炉低压无功补偿 submerged arc furnace low voltage reactive power compensation

对矿热炉低压侧就地进行补偿,并联安装于电炉变压器短网侧,由滤波电容器、滤波电抗器等组成并与冶炼电压相匹配的可监控的无功补偿系统。

3.3

补偿短网 compensation short net

矿热炉低压无功补偿装置与矿热炉短网连接的大电流载流体。

4 工作原理

矿热炉低压无功补偿装置并联于短网末端,由低压交流滤波电容器、滤波电抗器组成 LC 滤波补偿

回路进行分相就地补偿。减少矿热炉无功功率损耗,同时吸收因不平衡负载和电弧冶炼产生的谐波(以3、5次特征谐波为主),降低其三相不平衡度,有效提高功率因数。

5 系统组成

5.1 主回路

由补偿短网、隔离开关、熔断器、真空接触器、低压交流滤波电容器、滤波电抗器等组成。

5.2 控制系统

由控制器、信号变送、控制指令信号、投切驱动单元、现场指令信号、界面信息控制及低压侧保护信号等组成。

6 运行流程

如图1所示:当冶炼开始,系统检测信号(高压或低压侧电信号),根据系统电压、电流、负荷及功率因数计算系统所需无功量。控制器发出信号,驱动单元驱动真空接触器,将补偿单元投入或退出运行,直至满足控制器设置的控制目标为止。界面信息控制与控制器实时通信,实时显示系统的相关信息,并在必要的时候在中控室对设备进行及时干预。

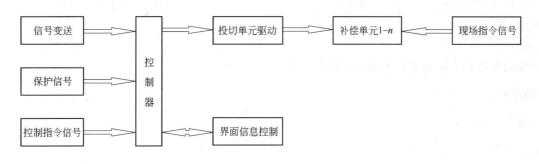

图 1

7 技术要求

7.1 电压

7.1.1 滤波电容器两端运行电压应低于其额定电压的95%。

7.1.2 滤波电抗器两端运行电压应低于其额定电压的95%。

7.1.3 电抗器两端工作电压和电容器两端工作电压之比(回路的实际电抗率)应符合规定。

7.1.3.1 针对3次谐波,实际电抗率应不小于12%。

7.1.3.2 针对5次谐波,实际电抗率应不小于7%。

7.2 谐波

矿热炉低压无功补偿装置不应放大高压侧系统谐波。

7.3 温度

设备正常运行时,工作环境温度应不大于50℃。

与环境温度相比,电容器的外表面最高温升、电抗器的外表面及其热点最高温升(B级绝缘)应符合表1规定。

表 1

电容器外表面 最高温升	电抗器外表面 最高温升	电抗器热点 最高温升
≤10K	≤20K	≤32K

7.4 功率因数

高压侧功率因数的月平均值不低于 0.90。

8 元器件及材料

8.1 滤波电容器

滤波电容器应符合 GB/T 12747 要求。

8.2 滤波电抗器

滤波电抗器应符合 GB 10229 要求。

8.3 真空接触器

真空接触器应符合 JB/T 7122 要求。其支路投切涌流应不大于额定电流的 2 倍,在现场供电电压波动、磁场或其他干扰时,应可靠投切,不能产生跳动、误动。

8.4 隔离开关

隔离开关应符合 JB 4012 要求。矿热炉低压无功补偿的进、出线两端应设置隔离开关,其额定电流的选取不低于该支路最大运行电流的 1.3 倍。

8.5 熔断器

熔断器应符合 JB 4012 要求。其额定电流的选取应不低于该支路额定电流的 1.6 倍,额定电压不低于电容器的额定电压。

8.6 母排

母排的允许载流量应不低于该支路额定电流的 1.3 倍。

9 应用条件

环境温度应不大于 50℃。

10 安全环保

10.1 电抗器噪声应符合 GB 10229 的规定。

10.2 安全措施

10.2.1 所有壳体必须良好接地,应符合 DL/T 621 的规定。

10.2.2 对每一回路电容器单独设置对地短路保护及自动切除功能,防止电容器出线端子螺母松动打弧导致事故。

10.2.3 整体设备应符合 GB/T 14048.1 的规定。

11 测试与验收

11.1 滤波电抗器测试

11.1.1 线性度测试

滤波电抗器的线性度应符合 GB 10229 的规定。

11.1.2 温度测试(B 级绝缘)

在环境温度为 60℃ 的情况下端子间工频交流电流实验。在 In 运行,历时 8h,铁芯外表面温度不得高于 90℃,热点温度不得高于 100℃。

11.2 验收

矿热炉低压无功补偿的运行指标应符合第 7 章技术要求的规定。

12 操作与维护

12.1 操作

矿热炉低压无功补偿装置的生产操作与维护对于其长效、稳定运行起着重要作用,本规范第 6 章运行流程对矿热炉低压无功补偿装置的正常操作有直接指导作用,可结合具体装置的特点及生产实际情况制定相应的操作指导书。

12.2 维护与检修

12.2.1 每班应至少巡视系统一次。

12.2.2 重点检查室内温度、电容器外表面温度、电抗器外表面温度及热点温度、各载流体及连接处的温度等。如不正常,须立即采取相应措施,以免影响系统安全运行。

12.2.3 电容器出现异常,应立即更换。

12.2.4 系统应由专业人员维护,主要对系统所有连接处进行检查及室内灰尘清理。维护时应严格遵照以下程序:

  确认该回路的真空接触器处于断开位置;

  确认该回路隔离开关已操作至断开位置;

  确认所有电容器两端残留电压不高于电容器额定电压的10%。

ICS 77_010
H 04

中华人民共和国黑色冶金行业标准

YB/T 4269—2012

高炉鼓风机机前冷冻脱湿工艺规范

Specification of the freezing dehumidification before blast furnace blower

2012-05-24 发布　　　　　　　　　　　2012-11-01 实施

中华人民共和国工业和信息化部　发布

前　　言

本标准由中国钢铁工业协会提出。

本标准由全国钢标准化技术委员会归口。

本标准起草单位：马鞍山钢铁股份有限公司、北京硕人海泰能源科技有限公司、冶金工业信息标准研究院、首钢总公司。

本标准主要起草人：丁毅、田俊、李爱群、何世文、刘昕、张宜万、陈道海、方拓野、仇金辉、高建平、张建、包向军、郭晓冬、耿平。

本标准为首次发布。

高炉鼓风机机前冷冻脱湿工艺规范

1 总则

1.1 本标准明确了高炉鼓风机机前冷冻脱湿的相关工艺技术,统一了脱湿系统制冷量的计算方法、脱湿系统的设备配置等。

1.2 本标准规定了基本的脱湿系统设备配置,规定了脱湿风量、系统制冷量、脱湿量及系统能源介质消耗量的确定原则和方法等。

1.3 本标准适用于钢铁企业高炉脱湿系统的设计和选型。

2 术语和定义

下列术语和定义适用于本文件。

2.1

脱湿鼓风 dehumidified blast

脱湿鼓风是指空气送入高炉前,采用一定措施,将空气的含湿量降低到稳定且较低水平的一种工艺技术,从而使高炉炉况稳定,达到降低燃料比,增加高炉产量的目的。

2.2

高炉鼓风机机前冷冻脱湿法 the method of the freezing dehumidification before blast furnace blower

高炉鼓风机机前冷冻脱湿法是指采用制冷措施,将鼓风机前吸入的空气冷却,降低空气含湿量的一种方法。

2.3

鼓风含湿量 absolute humidity of the air

鼓风含湿量是指空气的绝对湿度。

3 工作原理

在高炉鼓风机机前设置脱湿器,鼓风机吸入的空气经过脱湿器中的蒸发冷却器或表面式换热器冷却,空气温度不断降低,空气中的水蒸气不断冷凝成水。凝结水经排水段和排水器排出,含有雾状小水滴的空气经过除雾器滤除小水滴后被鼓风机吸入。

4 适用条件

高炉脱湿鼓风适用于所有的生铁高炉和锰铁高炉。

5 工艺流程

5.1 直接蒸发冷却脱湿系统示意图见图1。

5.2 间接冷却脱湿系统示意图见图2。

6 脱湿系统的基本设备配置

6.1 直接蒸发冷却脱湿系统,主要包括脱湿器(带蒸发冷却器、除雾器、排水器)、离心式压缩冷凝机组、控制系统和循环冷却水系统等。

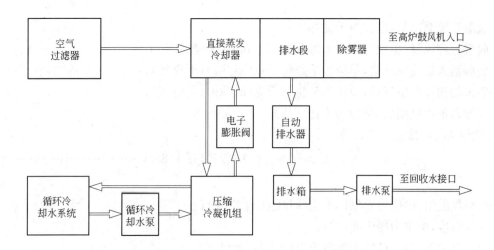

图 1   直接蒸发冷却系统工艺流程图

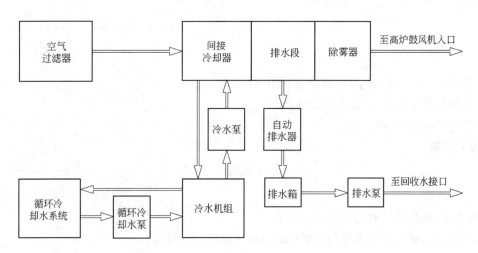

图 2   间接冷却脱湿系统工艺流程图

6.2   间接冷却脱湿系统,主要包括脱湿器(带表面式冷却器、除雾器、排水器)、冷水机组、冷冻水系统、控制系统和循环冷却水系统等。

7   脱湿系统主要工艺参数的选择和确定

7.1   脱湿系统主要工艺参数的选择和确定应与高炉鼓风机主要工艺参数的选择和确定相适应。

7.2   脱湿系统设备设计气象条件的选择与确定

7.2.1   大气温度按当地最热月日最高温度的平均值。

7.2.2   大气相对湿度按当地夏季平均相对湿度或者按当地年平均相对湿度。

7.2.3   大气压力按当地夏季平均大气压力或按年平均大气压力。

7.3   脱湿风量的确定

7.3.1   应以满足高炉要求又节省设备投资的原则来确定脱湿装置的设计风量。

7.3.2   脱湿风量可为高炉鼓风机的最大风量(A 点风量)减去热风炉的充风量,也可为高炉鼓风机经常运行点的风量。

7.4   脱湿系统制冷量的计算

$$C = 0.02155Q(h_1 - h_2) + \Delta C \quad \cdots\cdots\cdots\cdots\cdots\cdots\cdots\cdots\cdots\cdots (1)$$

式中：

C——脱湿系统制冷量，单位为千瓦(kW)；

Q——脱湿处理风量，单位为立方米每分钟(m^3/min)(标态干空气)；

h_1——脱湿器入口湿空气焓，单位为千焦每千克(kJ/kg)(干空气)；

h_2——脱湿器出口湿空气焓，单位为千焦每千克(kJ/kg)(干空气)；

ΔC——脱湿器的冷量损失，单位为千瓦(kW)。

湿空气的焓 h_1、h_2 按公式2计算

$$h = 1.005t + 0.001d(2501 + 1.88t) \quad \cdots\cdots\cdots\cdots\cdots\cdots\cdots\cdots\cdots \quad (2)$$

式中：

h——湿空气的焓，单位为千焦每千克(kJ/kg)(干空气)；

t——空气温度，单位为摄氏度(℃)；

d——湿空气的含湿量，单位为克每千克(g/kg)(干空气)。

湿空气的含湿量 d

$$d = 804 \frac{\varphi p_b}{p_s - \varphi p_b} \quad \cdots\cdots\cdots\cdots\cdots\cdots\cdots\cdots\cdots\cdots\cdots \quad (3)$$

式中：

p_s——湿空气压力(大气压力)，单位为千帕(kPa)；

p_b——饱和水蒸气压力，单位为千帕(kPa)；

φ——相对湿度，百分数(%)。

7.5 脱湿量的计算

$$S = 0.06Q(d_1 - d_2) \quad \cdots\cdots\cdots\cdots\cdots\cdots\cdots\cdots\cdots\cdots\cdots \quad (4)$$

式中：

S——脱水量，单位为千克每小时(kg/h)；

Q——脱湿风量，单位为立方米每分钟(m^3/min)(标态干空气)；

d_1——脱湿器进口湿空气的含湿量，单位为克每立方米(g/m^3)(标态干空气)；

d_2——脱湿器出口湿空气的含湿量，单位为克每立方米(g/m^3)(标态干空气)。

7.6 脱湿系统的能耗

7.6.1 脱湿系统的能耗等于制冷系统的能耗加上辅助设备能耗(循环冷却水和泵等)之和。

7.6.2 鼓风机机前冷冻脱湿法可以使鼓风机吸入温度下降、含湿量下降，使空气密度增加。在鼓风机质量流量不变的前提下，鼓风机轴功率下降。对于中、大型高炉，鼓风机因脱湿省能会大于脱湿系统的能耗，而实现"负能脱湿"。若鼓风机脱湿前后功率不变，则风量会增加。

8 脱湿鼓风进一步节能的方向

8.1 制冷机组采用高炉热风炉废烟气作为热源制冷。

8.2 制冷机组采用高炉冲渣水热量制冷。

8.3 制冷机组采用钢铁厂其他低温余热制冷。

ICS 77_010
H 04

中华人民共和国黑色冶金行业标准

YB/T 4270—2012

转炉汽化回收蒸汽发电系统运行规范

Operation specifications of converter vaporization recovery
steam generation system

2012-05-24 发布   2012-11-01 实施

中华人民共和国工业和信息化部   发 布

前　言

本标准由中国钢铁工业协会提出。

本标准由全国钢标准化技术委员会归口。

本标准起草单位：马鞍山钢铁股份有限公司、青海物通（集团）实业有限公司、冶金工业信息标准研究院、首钢总公司。

本标准主要起草人：丁毅、田俊、李爱群、王启民、仇金辉、何世文、高建平、殷红、陈道海、方拓野、张甲福、包向军、闫青林。

本标准为首次发布。

转炉汽化回收蒸汽发电系统运行规范

1 总则

1.1 本标准规定了转炉汽化回收蒸汽发电系统的组成及主要设备、系统运行、维护、事故处理。

1.2 本标准中的汽轮机组形式为饱和蒸汽汽轮机。

1.3 本标准适用于钢铁企业转炉汽化回收蒸汽发电系统使用。其他类似的饱和蒸汽发电系统也可以参照执行。

2 规范性引用文件

下列文件对于本文件的应用是必不可少的。凡是注日期的引用文件,仅所注日期的版本适用于本文件。凡是不注日期的引用文件,其最新版本(包括所有的修改单)适用于本文件。

GB 1576 低压锅炉水质

GB/T 14541 电厂用运行矿物汽轮机油维护管理导则

DL/T 561 火力发电厂水汽化学监督导则

DL/T 893 电站汽轮机名词术语

3 术语和定义

DL/T 893 界定的及下列术语和定义适用于本文件。

3.1

转炉汽化回收蒸汽 converter vaporization recovery steam

利用转炉烟道汽化冷却产生的蒸汽。

4 转炉汽化回收蒸汽发电系统的组成及主要设备

转炉汽化回收蒸汽发电系统由两大子系统组成。即转炉汽化烟道冷却系统和汽轮机组发电系统。转炉汽化烟道冷却系统及主要设备包括汽化冷却烟道、汽包、蓄热器、上升下降管及软水供水系统等;汽轮机组发电系统及主要设备包括汽轮机、发电机、蒸汽系统、凝结水系统、真空系统、疏水系统、工业水系统、汽轮机油系统、给排水系统、采暖通风、电气、电信、自动化系统等。

5 发电系统的运行、维护、事故处理

5.1 转炉汽化烟道冷却系统

5.1.1 基本要求

5.1.1.1 转炉汽化烟道冷却系统属于余热锅炉,要严格按照《蒸汽锅炉安全技术监察规程》(劳部发[1996]276号)要求进行管理。

5.1.1.2 操作人员必须经过专业和安全技术培训,并经安全部门考核合格后持有合格证方可上岗。

5.1.2 启动

5.1.2.1 启动前检查

5.1.2.1.1 检查汽水管路所有阀门,必须灵活好用,并确认开关位置。所有排污阀门必须关闭。

5.1.2.1.2 检查仪电控及报警系统是否正常。

5.1.2.1.3 水位计、压力表完好、清晰可辨。

5.1.2.1.4 汽化系统经过检修的,应对系统进行水压试验,确认无泄漏,方可启动。

5.1.2.2 启动准备

5.1.2.2.1 系统检查完毕后,通知转炉炉前相关人员。

5.1.2.2.2 开启汽包、蓄热器放散阀。

5.1.2.2.3 引入外部蒸汽预热汽包、蓄热器和除氧器。

5.1.2.2.4 开启软水泵,保证软水箱、除氧器的正常水位。

5.1.2.2.5 建立活动烟罩、氧枪水套、溜槽水套的水循环。

5.1.2.2.6 汽包进水至正常水位。

5.1.2.2.7 准备工作完成后,通知炼钢炉前兑铁炼钢。

5.1.3 升压和运行

5.1.3.1 启动后,当汽包放散阀排出蒸汽,蒸汽压力升高到 0.05MPa,关闭放散阀。

5.1.3.2 当汽包压力升至 0.2MPa,检查各接头、人孔、法兰等处有无渗漏。

5.1.3.3 在升压过程中,必须密切监视汽包、除氧器水位。

5.1.3.4 当升压至工作压力时,要按照《蒸汽锅炉安全技术监察规程》(劳部发[1996]276号)的要求,校验所有安全阀。

5.1.4 运行和维护

5.1.4.1 除氧器、汽包、蓄热器水位计应定期冲洗,并检查水位计水位与控制系统显示水位是否一致。

5.1.4.2 定期排污应在转炉停吹期进行,通过连续排污量的调整,保证汽化炉炉水碱度合格。

5.1.4.3 应保持正常的汽包、除氧器的供水压力,各水泵应定期倒换使用备用泵。

5.1.4.4 给水水质应定期化验,水质要求应符合 GB 1576 的要求。

5.1.4.5 各水箱水位应维持在正常水位。

5.1.4.6 运行人员应加强巡回检查,发现问题及时处理。

5.1.5 停炉及保养

5.1.5.1 停炉后应关闭或减小给水,关闭主汽阀,停炉 24h 后逐渐打开排污阀,将水放空。

5.1.5.2 根据运行记录,安排检修计划。

5.1.5.3 当系统停运时间较长时,可按以下两种方法进行保养。

5.1.5.3.1 停运一个月以上的,采用干法保养。

5.1.5.3.2 停运不超过一个月的,采用湿法保养。

5.1.6 故障及处理方法

5.1.6.1 当转炉发生大喷或发生爆炸等事故时,应切断给水,打开汽包放散阀,并对转炉汽化蒸汽回收系统进行全面检查。

5.1.6.2 汽包严重缺水或满水时,应紧急停炉。

5.1.6.3 蒸汽压力超过极限,而安全阀、放散阀失效时,应紧急停炉。

5.1.6.4 系统设备大量泄漏汽、水时,应紧急停炉。

5.1.6.5 转炉吹炼中,系统断电时,应紧急停炉。

5.2 汽轮发电系统

5.2.1 基本要求

为了合理地分配和使用汽轮发电机组的寿命,操作人员应当正确地启停操作,良好地检查维护,严格地调整控制参数,细致地整定试验,可靠地预防和处理事故,使之经常处于安全、经济、可靠、稳定运行的良好状态。

5.2.2 汽轮机启动

5.2.2.1 汽轮机启动应在合理的寿命损耗范围内平稳升速带负荷,防止胀差超限、缸体温差超限、动静摩擦、轴系异常振动等异常情况,不出现影响主机安全的辅助设备、热控装置等异常运行,并尽量缩短启动时间,减少启动消耗,以取得最佳安全经济效益。

5.2.2.2 启动方式划分

5.2.2.2.1 按冲转前汽轮机金属温度划分

具体划分温度应按制造厂规定。一般划分为:

a) 冷态启动;

b) 温态启动;

c) 热态启动;

d) 极热态启动。

5.2.2.2.2 按停机时间划分

a) 冷态启动:停机超过 72h,金属温度已下降至其额定负荷值的 40% 以下。

b) 温态启动:停机在 10 h~72h 之间,金属温度已下降至其额定负荷值的 40%~80% 之间。

c) 极热态启动:停机在 1h 以内,金属温度仍维持或接近其额定负荷值。

5.2.2.2.3 按阀门控制方式划分

a) 主汽阀启动;

b) 调节阀启动。

5.2.2.3 启动前应具备的条件

5.2.2.3.1 系统要求:

a) 汽轮机各系统及设备完好,阀门位置正确。

b) 汽、水、油系统及设备冲洗合格。

c) 热控装置的仪表、声光报警、设备状态及参数显示正常。

d) 计算机控制系统正常工作。

5.2.2.3.2 启动前的试验全部合格。

5.2.2.3.3 盘车:汽轮机冲动前连续盘车,主要是减少冲转惯性,消除弹性热弯曲。因此冲转前盘车应连续运转 4h,特殊情况不少于 2h。

5.2.2.3.4 轴封供汽及凝汽器抽真空:

a) 轴封供汽

1) 静止的转子禁止向轴封供汽,以避免转子产生热弯曲。

2) 高、低压轴封供汽温度与转子轴封区间金属表面温度应匹配,不应超过制造厂允许的偏差值。

b) 凝汽器抽真空

1) 汽轮机轴封未送汽凝汽器不宜抽真空。具体可按制造厂规定执行。

2) 冲转前应建立并保持适当的凝汽器真空。

5.2.2.3.5 遇下列情况之一时,禁止汽轮机冲转:

a) 危急保安器动作不正常;

b) 调速系统不能维持正常工作;

c) 隔离汽门、电动主汽门、速关阀、调速汽门卡涩或关闭不严密;

d) 机组转动部分有明显摩擦声;

e) 轴向位移、转速表、主要油压表及温度表失灵;

f) 抽气系统故障,不能维持启动真空;

g) 油箱油位过低,油质不合格,油温低于 20℃;

h) 凝结水系统故障;

i) 循环水系统故障。

5.2.2.3.6 暖管

转炉汽化回收蒸汽含水量大,汽轮机冲转前应当加强蒸汽管道的暖管工作。

a) 暖管总时间夏季不少于 60min,冬季不少于 120min,在紧急启动情况下可缩短至 10min,但应加强疏水。

b) 暖管过程中应对管道、阀门及法兰进行检查,并检查管道支架及膨胀情况。

5.2.3 汽轮机冷态启动

5.2.3.1 冲转参数选择:

汽轮机冷态启动时,主汽门前主蒸汽压力和温度应满足制造厂提供的有关启动曲线的要求。

5.2.3.2 汽轮机冲转前应对主、辅设备及相关系统进行全面检查,均应具备启动条件。

5.2.3.3 汽轮机冲转:

a) 汽轮机冲转至 600r/min,保持时间 40min~60min,并进行摩擦检查,仔细倾听汽轮机内部声音,确认通流部分无摩擦、各轴承回油正常,方可立即升速。升速率一般为 100r/min。

b) 暖机时间、暖机转速应制造厂提供的启动曲线进行。

c) 转速升至转子一阶临界转速前,应进行检查。

d) 暖机时间和温度应满足制造厂规定的要求。

5.2.3.4 汽轮机定速后应记录各有关数据,经全面检查正常后方可并网及带负荷。

5.2.3.5 并网及带负荷:

a) 并网后立即带 5%额定负荷暖机,在此负荷下至少稳定运行 30min。

b) 严格按启动曲线要求控制升负荷率。

c) 升负荷至预定的负荷点,确认相应的疏水阀应关闭。

d) 检查确认汽轮机振动、汽缸膨胀、胀差、轴向位移、轴承金属温度、回油温度、油系统压力、温度等主要监测参数在正常范围。

e) 根据负荷的增加应及时调整凝汽器真空。

5.2.4 汽轮机启动中的规定

5.2.4.1 汽轮机冲转后若盘车装置不能及时脱开,应立即拉闸停机。

5.2.4.2 在升速过程中,机组发生不正常振动时,应进行停机再重新暖机,重复两次振动仍未消除时,应停机查找原因。

5.2.4.3 应迅速平稳通过临界转速,在该范围内转速不应停留。

5.2.4.4 启动中应注意与转炉汽化系统的协调,防止蒸汽参数及负荷的大幅度波动。

5.2.4.5 启动中监视汽缸各膨胀值变化均匀对应,发现滑销系统卡涩,应延长暖机时间或研究解决措施,防止汽缸不均匀膨胀变形引起振动。

5.2.4.6 冲转后及运行中冷油器出口油温宜调整控制在 35℃~45℃。

5.2.4.7 正常情况下排汽缸温度不超过 65℃可以长期运行,超过时应限制负荷并不得超过 80℃。并网前若采取措施无效,当低压缸排汽温度达到 120℃ 时应停止汽轮机运行。

5.2.5 汽轮机运行

5.2.5.1 汽轮机运行的安全与经济应兼顾,应坚持安全第一的方针。

5.2.5.2 按照正常运行控制参数限额规定,监视汽轮机主要参数及其变化值应符合规定。

5.2.5.3 按规定内容进行设备定期巡检及维护。

5.2.5.4 定期对运行参数进行分析,使机组在经济状态下运行。

5.2.5.5 定期进行有关设备的切换及试验。

5.2.5.6 汽、水、油品质应符合标准。汽、水品质参照 DL/T 561 的有关规定执行。油系统清洁度参照 GB/T 14541 的有关规定执行。

5.2.6 汽轮机停机和维护

5.2.6.1 汽轮机的正常停机：

a) 为使汽轮机能安全停止，停机前应完成润滑油泵、盘车装置的试验工作。若试验不合格，非紧急故障停机条件可暂缓停机，以便进行消除。

b) 汽轮机停机的一般规定：

1) 汽轮机的停止是启动的逆过程，启动过程的基本要求原则上适用于停机。

2) 随着负荷及主蒸汽参数的降低，胀差、绝对膨胀、各轴承温度、轴向位移等的变化应予足够重视，轴封供汽、真空及辅助设备各系统应及时调整和切换。

3) 确保机组各部的疏水阀应能在不同工况时开启。

4) 发电机解列后汽轮机的转速变化应予以重视，当发生不正常升高时，应立即拉闸停机。

5) 拉闸后应准确记录汽轮机转子的惰走时间，这是判断汽轮机动静部分和轴承工作是否正常的重要依据。

c) 盘车：

1) 转子静止后盘车装置应立即投入运行。

2) 盘车运行期间，若发现机组内部有清楚的金属摩擦声，应停止连续盘车，改为间断盘车180°。要迅速查明原因并消除后再投入连续盘车运行。

3) 盘车电机故障造成不能电动盘车时，应查明原因尽快消除，并设法手动间断盘车180°，待正常且能自由转动时方可投入连续盘车。其他原因造成盘车不动时，禁止用机械手段强制盘车。

4) 需要短时间停止连续盘车，必须保持轴承供油正常，以防止轴承钨金过热损坏，在此期间应手动间断盘车。

5) 连续盘车48h或排汽温度降至50℃以下时，可停用盘车装置。

5.2.6.2 汽轮机的紧急停机

5.2.6.2.1 在出现下列情况之一时，应进行紧急停机：

a) 机组转速升至到危急遮断器动作转速时，而危急遮断器仍未动作时。

b) 机组发生剧烈振动。

c) 清楚地听出机组内部有金属响声，轴封内发生火花。

d) 汽轮机发生水冲击。

e) 转子轴向位移、汽轮机回油温度超过制造厂规定时。

f) 油箱油位降至最低油位，经补充又无法恢复，机组发生火灾，无法扑灭，危及机组安全。

g) 当危急遮断器误动作，机组在无蒸汽状态运行时间超过制造厂规定时。

h) 主蒸汽管道破裂，无法维持进汽，以及蒸汽压力温度急剧下降，虽经减负荷和加强疏水不能恢复。

i) 润滑油压降至制造厂规定以下时，经处理无效的。

j) 真空下降至制造厂规定以下时，经减负荷仍不能恢复的。

k) 冷却水中断时。

5.2.6.2.2 紧急停机操作

a) 手动关闭危急保安器。

b) 监控润滑油压。

c) 如发生转动部位故障时，可破坏真空，缩短惰走时间。

d) 按规定要求进行有关停机操作。

5.2.6.3 汽轮机停机后的养护

5.2.6.3.1 为保证汽轮机设备的安全经济运行,汽轮机设备在停用期间,必须采取有效的防锈蚀措施,避免热力设备锈蚀损坏。

5.2.6.3.2 停用设备防锈蚀方法的选择,应根据停用设备所处的状态、停用期限的长短、防锈蚀材料药剂的供应及其质量情况、设备系统的严密程度、周围环境温度和防锈蚀方法本身的工艺要求等综合因素确定。

5.2.6.3.3 防锈蚀工作是一项周密细致、涉及面广的技术工作,应加强各专业统一配合提前准备,所需时间应纳入检修计划,药剂应经检验合格。解除防锈蚀养护时应对设备检查记录防锈蚀的效果,并建立设备防锈蚀技术档案。

5.2.6.3.4 停用汽轮机防锈蚀方法一般有:

    a) 热风干燥法;

    b) 干燥剂去湿法。

5.2.6.3.5 其他停用设备防锈蚀方法:

    a) 凝汽器、冷油器、空冷器水侧长期停用保养时应排净积水,清理干净后用压缩空气吹干。

    b) 转动辅机做长期停用保养时,应解体检查,按有关规定防锈处理后装复。

    c) 长期停用的油系统应定期进行油循环活动以调节系统。

5.2.6.3.6 对滨海盐雾地区和有腐蚀性的环境,应采取特殊措施,防止设备腐蚀。

5.2.6.3.7 寒冷季节应采取有效的防冻措施。

5.2.7 汽轮机热控及试验

5.2.7.1 汽轮机热控设备

5.2.7.1.1 由于计算机的广泛应用,自动化水平有了显著提高。常规模拟仪表和手操器减少后,计算机成为汽轮机热控主要设备,应加强检修维护,减少和防止误调节、保护误动作,努力提高调节水平,同时应加强人员培训,提高设备维护人员和运行人员的技术水平。当前,低压饱和蒸汽机组一般采用分布式控制系统(DCS)或可编程逻辑控制系统(PLC),还应具有安全监测和保护功能的相应系统和设备,如透平监测仪表系统(TSI)、跳闸保护系统(ETS)等。

5.2.7.1.2 计算机控制系统一般具有以下功能:

    a) 转速控制功能;

    b) 负荷控制、限制功能;

    c) 机组协调控制功能;

    d) 辅机联锁控制功能;

    e) 应力监控功能;

    f) 阀门管理、试验功能;

    g) 保护在线试验功能;

    h) 安全监测、保护功能;

    i) 数据采集及日报、时报、即时打印、超限报警、事故追忆打印功能。

5.2.7.1.3 主要仪表、自动调节系统、热控保护装置应随主设备一并投入,未经批准不得停运。计算机系统应在机组启动前对有关功能进行试验,试验时运行人员应参加并给予确认。

5.2.7.2 汽轮机试验

5.2.7.2.1 汽轮机启动前的试验:

    a) 汽轮机调速系统静态特性试验。

    b) 汽轮机全部跳机保护试验及机电联锁试验。

    c) 油泵、水泵等的启停及保护联锁试验。

d) 转动设备应经一定时间的连续运转证明可靠。

5.2.7.2.2 汽轮机启动中的试验：

a) 危急保安器就地及远方拉闸试验。

b) 主汽门、调速汽门严密性试验。

c) 超速试验：

1) 下述情况必须做：

——汽轮机新安装或大修后；

——停机一个月后再启动；

——甩负荷试验前；

——危急保安器解体或调整后。

2) 下述情况不得进行超速试验：

——就地或远方停机不正常；

——主汽门、调速汽门关闭不严；

——在额定转速下任一轴承的振动异常时；

——任一轴承温度高于限定值时。

3) 超速试验进行三次，前两次动作转速差不应超过 0.6%，第三次和前两次平均数差不超过 1%。

4) 危急遮断器动作转速为额定转速 109%～111%。

d) 甩负荷试验：

试验前机组和电网应具备必要的条件并制定完善的措施，试验应经批准方可进行。

5.2.8 汽轮机主要辅机

5.2.8.1 水泵

5.2.8.1.1 运行中的水泵应防止泵失水及积空气。

5.2.8.1.2 地下布置的水泵，应有可靠的防水淹措施。

5.2.8.1.3 水泵停止时出口阀应同时关闭，以防发生倒转。

5.2.8.2 凝汽器

5.2.8.2.1 引入凝汽器的疏水阀门在正常运行中应关闭严密，防止局部冲刷、裂纹。

5.2.8.2.2 凝汽器汽侧引出的低压抽汽管道在检修中应检查是否泄漏。

5.2.8.2.3 应定期进行凝结水和循环水水质的化验，防止泄漏及结垢。

5.2.8.2.4 循环水应保持清洁，根据季节及负荷的变化合理调整水温水量，满足循环倍率、端差、温升的要求。可通过排污、加药等方法严格控制循环水浓缩倍率。开式循环水系统，应防止微生物附着和堵塞。

5.2.8.2.5 应定期对凝汽器进行清洗，及时处理设备缺陷。

5.2.9 汽轮机事故预防及处理要求

5.2.9.1 事故处理的基本要求

5.2.9.1.1 事故发生时，应按"保人身、保电网、保设备"的原则进行处理。

5.2.9.1.2 事故发生时的处理要点：

a) 根据仪表显示及设备异常象征判断事故确已发生。

b) 迅速处理事故，首先解除对人身、电网及设备的威胁，防止事故蔓延。

c) 必要时应立即解列或停用发生事故的设备，确保非事故设备正常运行。

d) 迅速查清原因，消除事故。

5.2.9.1.3 将所观察到的现象、事故发展的过程和时间及所采取的消除措施等进行详细的记录。

5.2.9.1.4 事故发生及处理过程中的有关数据资料等应完整保存。

5.2.9.2 常见事故及处理

5.2.9.2.1 汽压汽温不正常

a) 确认汽压、汽温表计显示不正常。

b) 通知调度调整运行参数。

c) 汽温下降时,应加强疏水。

d) 应注意真空变化,加强对射水泵调整以及轴封供汽变化调整。

e) 当主汽汽压下降时,应降低负荷。

f) 当汽温超过 10℃～20℃以上或在这个温度下连续运行 30min 仍不能恢复正常时,应故障停机,超温运行时应注意轴承温升、振动及热膨胀。

5.2.9.2.2 真空下降

a) 真空表数指示值逐渐下降,排汽温度表数指示值逐渐上升。

b) 抽汽器工作效率下降。

c) 循环水量减少或水温升高。

d) 凝汽器内满水造成冷却面积减少,或空气系统不严密。

e) 高、低压轴封汽量减少。

f) 凝汽器运行时的真空不得低于制造厂规定数值。

g) 发现真空指示下降,应与排汽温度及就地真空表核对判断表计是否有误。

h) 增加高、低轴封蒸汽量,真空下降较快时应立即启动备用抽气装置。

i) 若真空不能维持,按规定减负荷直至停机。

5.2.9.2.3 循环水减少或中断

a) 循环水量、水压指示数到零。

b) 真空表指数急剧下降,排汽温度表指数急剧上升。

c) 凝汽器上端大气自动排气阀因过压开启(薄膜安全板口破裂),大量排汽。水泵房电源断电(Ⅰ、Ⅱ),或供水管路破裂。

d) 当水压下降过大时,应立即联系恢复水压,并根据真空下降数值,降低机组负荷。

e) 当水压降至零时,应立即紧急停机,并尽快关闭进水总阀。

f) 若凝汽器需要投运,应待凝汽器温度下降到 50℃以下时方可进水。

g) 在开机前应注意检查薄膜安全板是否破裂(若破裂,应更换)。

5.2.9.2.4 凝汽器铜管泄漏

a) 热水井水位突然升高,凝结水流量与蒸汽进汽流量差数明显增大。

b) 凝结水硬度超标。循环水压过高,引起铜管破裂或管板胀口处泄漏。铜管化学腐蚀,使铜管受损(或清洗铜管时,清洗不当)。

c) 启动备用凝结泵,两台水泵运行,保持热水井正常水位。

d) 通过化验凝结水硬度,确认铜管是否破裂。加强排放凝结水量,尽量减低除氧器水质硬度不超标。

e) 严重泄漏,应停机处理。

5.2.9.2.5 水冲击

a) 现象

1) 蒸汽温度表指数迅速下降。

2) 蒸汽阀法兰、阀杆以及调整汽门室平面处冒白汽。

3) 推力轴承与温度上升及轴向推力增大。

4) 蒸汽母管内有冲击声。

b) 原因,转炉汽化烟道冷却系统操作不当或设备故障。

c) 处理

1) 迅速开启开大蒸汽管道上所有疏水阀。

2) 立即与调度联系,采取处理方法,恢复正常汽温。

3) 若水冲击不能立即消除,应紧急停机。

5.2.9.2.6 危急保安器动作

a) 现象

1) 超速保护信号灯亮。

2) 主汽阀、调速汽门关闭。

3) 转速急速下降。

b) 原因

1) 负荷调节不当。

2) 调速器动作迟缓。

3) 危急遮断器误动作。

c) 处理

1) 减负荷时,不宜减小过快。

2) 危急遮断器通过确认误动作后,应紧急停机处理。

5.2.10 发电机的运行、维护

5.2.10.1 发电机启动前检查

5.2.10.1.1 发电机本体及其附属设备工作全部终结,检修后各项电气试验合格,试验数据应有书面报告并且符合启动要求。

5.2.10.1.2 发电机、变压器、电抗器等本体各处完好,周围无杂物。

5.2.10.1.3 发电机滑环、炭刷完好。

5.2.10.1.4 发电机组合导线清洁完好,无杂物。

5.2.10.1.5 空冷器完好无堵塞、风道通畅无杂物,无漏水及结露现象,冷却水压力正常。

5.2.10.1.6 开关柜、发电机中性点柜、励磁柜、保护装置及自动装置柜线路正常。

5.2.10.1.7 控制系统无异常,各开关位置信号和自动装置显示的位置与设备实际状态相符,远动信号正常。

5.2.10.1.8 发电机组启动前的准备工作做完以后,应立即汇报班长:发电机组具备启动条件。

5.2.10.2 发电机的启动和并列

5.2.10.2.1 发电机的启动

a) 发电机一经冲转,即应认为发电机及其全部设备已带电,严禁在有关回路上工作。

b) 发电机冲转及过临界转速时,应加强对励磁装置及滑环炭刷的监视,达额定转速时,应全面检查发电机。

c) 发电机转速升至 1500r/min 时,应作下列检查:

1) 发电机、励磁机内部是否有摩擦声。

2) 各炭刷是否跳动卡涩,接触是否良好。

3) 发电机冷却水压、水温是否正常,有无渗、漏水现象。

d) 升压时应监视励磁电压、励磁电流,当励磁电压、电流已达到空载额定值而定子电压较小或定子电流较大(定子电流理论上应为零),应停止升压,查明原因。

e) 当发电机转速升至 3000r/min,经批准将并列开关推入运行位置。

5.2.10.2.2 发电机与系统的并列

a) 发电机的并列,采用准同期方法,并列时应符合下列条件:

1) 发电机与系统的周波差小于±0.1Hz。

2) 发电机与系统的电压差小于±5％。

3) 发电机与系统电压相位相同。

4) 发电机与系统相序一致。

b) 事故情况下,为尽快与系统并列,可允许周波差±0.5Hz,电压差小于±10％。

5.2.10.3 发电机带负荷

5.2.10.3.1 机组并列后,自动带初始负荷时应注意适当调整无功负荷,以保持发电机端电压在额定范围内以及避免发电机进相运行。

5.2.10.3.2 有功负荷增减的速度,原则上取决于汽轮机。发电机冷态启动并列后,可带40％定子额定电流,热态及事故情况下,并入系统,增加有功负荷,速度不受限制。

5.2.10.3.3 在增加负荷的过程中,应监视发电机的铁芯温度,发电机的定、转子绕组温度,进出口风温,发电机的定、转子电流、电压在额定的范围内,各部分温度不应超标。

5.2.10.3.4 并网后应及时对系统全面检查一次,注意各运行参数、自动控制系统正常,保护无异常。此外,在每次较严重的外部短路后,必须对发电机进行全面的外部检查。

5.2.10.4 发电机的运行监视

5.2.10.4.1 发电机应在额定电压的±5％范围内运行,在此范围内,功率因数为额定值时,发电机的额定容量不变。

5.2.10.4.2 发电机允许在额定频率的±2％范围内长期运行,频率在此变化范围时,发电机可按额定容量连续运行。

5.2.10.4.3 发电机的三相负载不对称时,允许的不平衡电流可在发电机额定电流的10％范围内变化(即最大电流与最小电流之差)但需符合下列条件:

a) 发电机外壳的振动不大于0.5mm。

b) 转子温度不得超过130℃。

c) 任一相电流不得超过额定值。

5.2.10.4.4 发电机在额定工作方式连续运行时,各主要部分的温升允许值在规定范围内。

5.2.10.4.5 空冷发电机进风温度不超过40℃,最高不允许超过55℃,为防止结露,进风温度最低不得低于20℃。

5.2.10.4.6 运行中的发电机及其附属设备,应定期检查:

a) 发电机本体清洁,内部无结露、流胶等现象。

b) 发电机本体各部分温度、声音正常,无异常振动,无异味。

c) 定子槽楔不松动脱落,端部绑线不断裂,垫块不松动。

d) 发电机引出线套管、支持绝缘子、PT、CT、灭磁开关等无异常状况。

e) 空冷室无渗漏。

f) 炭刷接触良好,无火花,不过热,不跳动,无卡涩现象。

g) 发电机保护装置运行正常,无异常报警信号。

h) 发电机励磁系统运行正常,无异常报警信号。

i) 电压切换装置运行正常,无异常报警信号。

j) 发电机进、出水,进、出风,铁芯、线圈温度正常。

5.2.10.5 发电机的解列与停机

5.2.10.5.1 逐步减少发电机有功与无功。

5.2.10.5.2 拉开发电机并网开关,解列发电机。

5.2.10.5.3 将发电机电压减至最低值,拉开灭磁开关。

5.2.10.5.4 发电机停止转动后,立即测量定子、转子、励磁机绝缘,并做好记录。

5.2.10.5.5 发电机停机时间超过 24h,应转为冷备用。

5.2.10.6 发电机的异常运行及事故处理见表 1。

表 1　发电机的异常运行及事故处理

序号	异常或故障部位	异常或故障现象	处 理 措 施
1	发电机温度异常	入口风温超过 40℃。定子铁芯温度超过 130℃。定子线圈温度超过 90℃。	检查发电机冷却水系统是否正常。检查仪表是否正常。适当降低无功,如不能恢复,降低有功,直至温度恢复正常。若冷却系统故障无法消除时,汇报后解列停机处理。
2	发电机冷却水中断	发电机断水报警信号发出,光字牌亮,进水压力表、流量表指示到零。	立即将有、无功负荷减至零,并到换厂用电。定、转子断水时间不得超过 30s,定子断水如果 30s 不能恢复供水,转子断水 30s 则断水保护动作,跳开发电机开关,如果断水保护拒动,应手动解列发电机。
3	发电机定子接地	警铃响,"发电机定子接地"光字牌发出。定子接地电压表可能有指示。	通过现象确认非保护 PT 高压熔丝熔断或 PT 高压熔丝熔断造成的误发信号。通过发电机定子电压表指示判断接地点距发电机中性点的远近。穿上绝缘鞋,对发电机本体及其回路进行详细检查,看能否发现明显故障点。如找不到故障点,要求停机检查。发电机组接地时间不得超过 30min,否则解列停机检查。
4	发电机事故过负荷	定子电压低于额定值。定子、转子电流可能超过额定值。"过负荷"光字牌发出。	首先检查发电机电压及功率因数,注意电流允许值及时间,并记录,对发电机加强监视,检查各部分温度不超过允许限额。如果电流超过允许时,应降低有功及无功,但要注意不得进相运行和电压过低。若过负荷是发电机强励动作引起,在 18s 内运行人员不得干预,动作时间超过 20s 应退出强励。
5	发电机三相电流不平衡超过 10%额定值	发电机定子最大相电流与最小相电流差超过 10%。并列运行的联络线同时出现不平衡电流。	发电机不平衡电流超过允许值,如是由系统引起的,要求改变运行方式,使不平衡电流降至允许值。降低发电机无功负荷,但功率因数不得超过迟相的 0.95,无效时,应降低有功负荷,使任一相电流不超过额定值,且不平衡电流不大于 10%。对发电机的一次、二次回路进行认真检查,看有无异常情况,并对发电机的振动、转子温度加强监视。查看发电机组开关是否缺相运行。
6	发电机振荡或失去同期	定子电流大幅度摆动,且可能超过正常值。有功、无功表同时摆动。定子电压、母线电压也剧烈摆动,且通常是电压降低。转子电压、电流在正常值附近摆动。发电机发出与表计摆动合拍的鸣声。	首先判别是系统振荡还是发电机失去同期,若并列运行的各机组表计摆动方向完全一致,属系统振荡,若其中某一台机组的表计摆动方向与其他发电机和系统的相反,则为该台机与系统失去同期。若调节器在自动方式运行,则应适当减小有功负荷,若调节器自动未投入,则应手动增加发电机励磁,但转子电流不得超过允许值。经上述措施后,经 2min 振荡未消除且失步解列装置未动作(投运情况下),按指令将发电机与系统解列。根据解列后的情况判断是否应将发电机与系统并列。

表1(续)

序号	异常或故障部位	异常或故障现象	处 理 措 施
7	发电机失去励磁(异步运行)	发电机定子电压降低,定子电流升高,同时有节奏地摆动。 发电机转子电流表指示到零或在零附近摆动;转子电压指示失常;如转子短路则电压下降;转子开路则电压升高。发电机有功表指示下降,无功表指示为零或负值,功率因数表指示进相,同时有节奏地摆动。"失磁动作"光字牌发出。	根据上述现象电气运行人员判断发电机已失磁,应在60s内将发电机有功负荷降至60%以下,在90s内将发电机有功负荷降至40%以下,在120s内将发电机有功负荷降至12%以下。尽快恢复发电机励磁:若灭磁开关跳闸,经同意,重合上灭磁开关;若灭磁开关未跳闸,应迅速将励磁调节器(LCT-2)由"自动"切至"手动"(LCT-2可能已自动切至"手动"方式),用手动增加励磁。经判断发电机励磁确无法恢复,同意将发电机负荷减至零后解列发电机,待查明原因后重新升压并列。发电机失磁运行时间不得超过10min。
8	转子一点接地	"转子一点接地"光字牌发出,发电机检漏计可能动作。转子正、负对地电压之和接近或等于转子电压。	检查整流子、滑环炭刷有无碰壳接地。检查空气冷却器是否漏水。检查励磁有无掉线接地或元件受潮接地。若转子接地漏水应立即停机。要求化验冷却水水质是否合格。检查是否保护误动。若一点接地无法消除,应做好事故预想,防止两点接地(自动投入)后跳闸。
9	转子回路两点接地	励磁电流增大,励磁电压降低,无功降低,可能为负值。发电机可能发生振动和噪声。"转子两点接地"光字牌发出。检漏计可能动作。	判明转子两点接地且保护未动作,立即手动拉开发电机组主开关和灭磁开关,将发电机解列。
10	发电机组开关跳闸	发电机组开关跳闸。	根据表计指示和信号迅速判断跳闸原因。如灭磁开关未跳,且无保护掉牌,无故障象征,判明发电机组开关误跳后,可重新并入系统。若经检查一切正常,测发电机绝缘良好,又无保护信号,对发电机零起正常后并入系统。判明发变组主保护动作,未查明原因,不得轻易将发电机并入系统;判明为后备保护动作,经检查发变组内设备无故障且系统故障已排除,经同意,对发电机零起升压正常后并入系统。汽机保护动作,应仔细检查发变组一次设备,保持发变组热备用状态,做好开机前准备。
11	发电机电动机运行(调相运行)	该发电机"主汽门关闭"光字牌可能发出。该发电机有功反指示,无功指示升高,定子电流指示下降,功率因数指示进相。该发电机有功电度表倒转。系统周波正常(系统总装机容量较大)。若该发电机调节器自动方式投用,则转子电压,转子电流要降低,定子电压升高不多;若该发电机调节器自动方式停用,则定子电压和转子电压、电流指示正常。	若"汽机跳闸"保护动作,发电机已跳闸应参照发电机跳闸处理。如无"机器危险"信号,不必将发电机解列,将高厂变负荷倒换至联络线运行,维持定子电压在正常值,并立即汇报,打开主汽门后重新带负荷。若同时汽机出现"注意"、"机器危险"信号,应立即将发电机解列停机,解列之前应注意厂用电的倒换。"机器危险"信号在复归前必须经确认。

表1(续)

序号	异常或故障部位	异常或故障现象	处 理 措 施
12	发电机振动	发电机振动大,有异常声音。炭刷可能有冒火现象。	检查定子电流三相是否平衡。检查转子电流、电压是否正常。检查发电机定子、转子是否有接地现象。检查发电机各部分温度是否正常。检查发电机振动是否由于汽轮机振动引起,如振动超过允许值,应申请停机。
13	发电机着火	发电机端盖、窥视孔有明显的烟气,伴有火星或有绝缘烧焦的气味。励磁机有明显的火星和绝缘烧焦的气味。发电机壳内有剧烈的响声。	汽机用紧急停机按钮跳开发电机开关,检查发电机组开关、灭磁开关是否跳闸,若未跳,立即手动断开10kV侧开关、灭磁开关。立即用干式四氯化碳灭火器灭火,不得使用泡沫灭火器或砂子灭火,当地面上有油类着火时,可用砂子灭火,但要注意不得使砂子落到发电机内或其轴承上。灭火期间保持发电机300r/min左右,且定子、转子冷却水不得中断。

ICS 77-010

H 04

中华人民共和国黑色冶金行业标准

YB/T 4313—2012

钢铁行业蓄热式工业炉窑
热平衡测试与计算方法

Methods of determination and calculation of heat balance in
regenerative furnace of iron and steel industry

2012-12-28 发布　　　　　　　　　　　　　　2013-06-01 实施

中华人民共和国工业和信息化部　　发 布

前　言

本标准由中国钢铁工业协会提出。

本标准由全国钢标准化技术委员会（SAC/TC183）归口。

本标准起草单位：中钢集团鞍山热能研究院有限公司、冶金工业信息标准研究院、广东韶钢松山股份有限公司。

本标准主要起草人：谢国威、仇金辉、罗国民、高建平、丛伟、卢学云、黄晟、杨宇、吴国云、刘毅、马彦珍。

本标准为首次发布。

钢铁行业蓄热式工业炉窑热平衡测试与计算方法

1 范围

本标准规定了蓄热式工业炉窑热平衡测试与计算基准、设备及炉子概况、炉子近期生产情况、测试准备、测试步骤、测试内容、测试部位与方法、计算方法等。

本标准适用于钢铁行业以气体燃料为主的蓄热式工业炉窑热平衡测试与计算,其他行业可参照使用。

2 规范性引用文件

下列文件对于本文件的应用是必不可少的。凡是注日期的引用文件,仅所注日期的版本适用于本文件。凡是不注日期的引用文件,其最新版本(包括所有的修改单)适用于本文件。

GB/T 384 石油产品热值测定法

GB/T 476 煤中碳和氢的测定方法

GB/T 508 石油产品灰分测定法

GB 1884 原油和液体石油产品密度实验室测定法(密度计法)

GB/T 1885—1998 石油计量表

GB/T 6284 化工产品中水分测定的通用方法 干燥减量法

GB/T 17040 石油产品硫含量测定法(能量色散 X 射线荧光光谱法)

YB/T 4209 钢铁行业蓄热式燃烧技术规范

SH/T 0172 石油产品硫含量测定法(高温法)

3 术语和定义

YB/T 4209 界定的术语和定义及下列术语和定义适用于本文件。

3.1

气体预热温度 gas/air preheat temperature

供热过程中,气体流经蓄热室内蓄热体后的气体温度。

3.2

蓄热室排烟温度 regenerator exhaust smoke temperature

排烟过程中,烟气流经蓄热室内蓄热体后的烟气温度。

4 热平衡测试与计算基准

4.1 基准温度

采用环境平均温度,即蓄热式工业炉窑车间内距离炉墙外 1m 处的环境平均温度。

4.2 燃料发热量

对气体燃料采用湿煤气的低(位)发热量,对液体燃料采用应用基低(位)发热量。

4.3 热平衡测试范围

根据需要,做全炉(包括蓄热回收装置)或(和)炉膛热平衡的测试与计算。

4.4 热平衡测试时间

在入炉物料品种及规格(具有代表性的品种及规格)不变、炉子工况稳定的情况下连续测试。热平衡测试限定在 8h 内完成,测试次数不能少于 2 次,每次为 1h。温度、压力、流量等参数的测试在每个换向周期内测 4～6 次,每小时测 4～6 个换向周期,然后取平均值。

4.5 热平衡计算单位

以每吨入炉物料的热量为计算单位,即 kJ/t。

5 设备及炉子概况、炉子近期生产情况

5.1 设备及炉子概况

按附录 A 规定填写。

5.2 炉子近期生产情况

被测炉子前一个月的平均技术经济指标按附录 B 填写。

6 测试的准备

6.1 熟悉设备状况

熟悉炉子及有关设备的结构、性能、操作与运行情况,并了解生产工艺流程等。

6.2 制定测试方案

根据不同的测试目的及炉子的具体情况制定测试方案,并选择能够代表炉子实际生产情况的测试部位和测试点。

6.3 组织测试人员

根据测试方案组织测试人员。测试工作由专业技术人员指挥,按工作需要对测试人员进行分工,并根据情况进行必要的技术培训与安全教育。

6.4 检修设备与准备测试仪器和工具

在测试前对炉子及相关设备进行必要的检修,以保证测试工作的顺利进行。准备好所需测量工具,对现场已有仪表及各种便携的测量仪器进行校正,达到标准中要求的精度。

6.5 准备测试表格

根据测试内容准备好所用表格。

6.6 选择测试时机

测试前及测试过程中,炉况及其上下游工序工作情况应正常。测试过程中,炉内物料因下游工序非正常停留超过半小时,应在下游工序工作情况稳定半小时以后进行测试。

6.7 预备性测试

正式测试之前对其中的几项或全部项目进行必要的预备性测试,验证测试手段的可靠性。

7 测试步骤

7.1 根据测试方案,在预定部位安装测试装置。

7.2 按测试内容进行测试与记录。

7.3 采用以测量为主,现场观察及控制中心记录数据为参考的方法,对所测数据进行分析整理,并按本标准的计算方法进行计算。

7.4 对测试结果进行分析并提供测试报告。

8 测试内容、部位与方法

8.1 主要测试内容

按附录 C 进行。

8.2 测试部位与方法

8.2.1 燃料

8.2.1.1 燃料的用量测试

燃料用量可由工厂现有的计量装置读取。工厂无计量装置时,液体燃料可用测量油罐容积差法测量;气体燃料在测试前应安装计量装置。

8.2.1.2 燃料的取样分析及发热量测试

8.2.1.2.1 气体燃料

取样:在燃烧器前煤气管道上的取样孔进行取样,一般每小时取一次,如果煤气成分波动较大,可适当缩短取样间隔时间。

成分分析:用气相色谱进行。

含水量:用吸水法或露点法测试。

热值:根据气体分析成分及含水量换算成湿成分,然后计算出气体燃料低(位)发热量。

8.2.1.2.2 液体燃料

取样:在平衡测试期间内,从油喷嘴前管道中连续取 2kg 油样,混合均匀后,迅速倒入两只约 1kg 的瓶内装满密封以备化验。

分析:成分分析可按 GB/T 476 进行,其余按 GB/T 6284、GB/T 17040、SH/T 0172、GB/T 508、GB 1884 和 GB/T 1885—1998 进行。

热值:按 GB/T 384 进行。

8.2.1.3 燃料压力测试

对气体、液体燃料从现场接近燃烧器前的管道上仪表读取。

8.2.1.4 燃料温度测试

燃料无预热时从现场接近燃烧器前的管道上仪表读取,或按环境温度读取。燃料预热时应在测试前在预热管路上预留测试孔用热电偶进行测定。

8.2.2 助燃空气

8.2.2.1 空气流量测试

从现场接近燃烧器前的管道上仪表读取。若无法计量可用皮托管和 U 型压力计测出动压后,用公式计算出来;也可用燃料低(位)发热量和烟气成分按经验式计算(见附录 D)。

8.2.2.2 空气湿度测试

用干湿球温度计测出相对湿度,再换算成绝对湿度。

8.2.2.3 空气预热温度测试

在空气预热管路上开孔,用热电偶进行测定。

8.2.3 雾化蒸汽

在燃烧器前测量雾化剂用量、温度、压力。对没有计量装置的炉子,雾化蒸汽用量可用生产统计办法估算。温度和压力与空气相应参数测法相同。

8.2.4 物料

8.2.4.1 物料重量测试

物料重量采用现场计量装置读数,也可根据尺寸及密度算出。

8.2.4.2 物料温度测试

采用热电偶测温法进行测量。也可采用远红外热像仪或红外测温枪对出炉窑的物料表面温度进行测量。测量的时间在物料进炉前和出炉后的瞬间。

8.2.4.3 氧化烧损测试

氧化烧损率采用称量法或重量比表面积相似法测试(见附录 E),烧损温度按物料表面温度计算。

8.2.5 烟气

8.2.5.1 烟气取样和分析

出炉烟气的取样位置应在换向阀后和烟囱之间接近换向阀的烟气直管道上取有代表性的样。建议采用便携式或在线式烟气分析仪,在一个蓄热室换向周期内连续测量,取平均值。每小时最少4次。亦可采用直接取样装送实验室进行成分分析;取样应在一个蓄热室换向周期内完成每次同一位置同一周期内至少取样2次,每小时最少进行4次。

8.2.5.2 烟气量测试

可用皮托管与微压计配合测量多点烟气流速后算出;也用燃料用量、成分及烟气成分计算烟气量;可按附录D计算。

8.2.5.3 出炉烟气温度测试

采用现场计量装置读取,在换向阀后和烟囱之间接近换向阀的烟气直管道上用热电偶测量出炉烟气温度。

8.2.5.4 烟气含碳浓度测试

采用烟尘测试仪测试,测试点应与烟气取样位置相同。

8.2.6 炉膛温度和压力

8.2.6.1 炉膛温度测试

采用现场计量装置读取,应按炉体结构分为预热段、加热段、均热段等分别计量。

8.2.6.2 炉膛压力测试

由现场仪表直接读取或用便携式微压计测量,测点位置按热工测试相关规定确定。

8.2.7 炉体、排烟装置、炉膛、管道表面温度与热流量

测量炉体、排烟装置和炉膛至排烟装置间空气、煤气(或烟气)管道等表面温度时,可将表面温度相近的地方分成若干部分,然后用热流计直接测出各部分的平均热流量和平均温度,或用红外热像仪、表面温度计等测出各部分平均温度,计算出热流量。

8.2.8 炉门及孔洞

记录炉门及孔洞在1h内的开启时间,测量出炉门及孔洞的高度、宽度,孔洞炉气的成分取样分析、温度与压力的测试方法分别与烟气取样的分析及炉温、炉压测法相同。

8.2.9 冷却水

8.2.9.1 冷却水耗量测量

在入炉或出炉处应尽量安装流量计测试,也可用体积法测试计算。

8.2.9.2 冷却水温度测试

在入炉和出炉处采用温度计测试。

8.2.10 汽化冷却

8.2.10.1 蒸发量测试

由现场计量仪表直接读取。亦可用流量孔板及相应二次仪表测量蒸汽流量;一般炉子可通过水表或水箱测试给水量。

8.2.10.2 蒸汽温度、压力及给水温度测试

蒸汽温度、压力及给水温度由现场计量仪表直接读取。

9 计算方法

9.1 热收入项目的计算

9.1.1 燃料燃烧的化学热的计算按式(1)计算:

$$Q_1 = BQ_{net,v,ar} \quad\cdots\cdots (1)$$

式中：

Q_1 ——燃料燃烧的化学热，单位为千焦每吨（kJ/t）；

B ——每吨入炉物料的燃料用量，单位为千克每吨（kg/t）或立方米每吨（m³/t）；

$Q_{net,v,ar}$ ——燃料收到基低（位）发热量，单位为千焦每千克（kJ/kg）或千焦每立方米（kJ/m³）。

9.1.1.1 气体燃料的收到基低（位）发热量的计算按式（2）计算：

$$Q_{net,v,ar} = 126CO^s + 108H_2^s + 358CH_4^s + 598C_mH_n^s + 234H_2S^s \cdots\cdots\cdots\cdots\cdots\cdots (2)$$

式中：

CO^s，H_2^s，CH_4^s，$C_mH_n^s$，H_2S^s ——气体燃料各湿成分的体积含量，用百分数表示（%），见式（3）。

$$Z^s = Z^g \frac{100}{100 + 0.124g_m} \cdots\cdots\cdots\cdots\cdots\cdots\cdots\cdots\cdots\cdots (3)$$

式中：

Z^s，Z^g ——气体燃料中任意湿成分及对应的干成分体积含量，用百分数表示（%）；

g_m ——干气体燃料的含水量，单位为克每立方米（g/m³）。

9.1.2 燃料带入的物理热量的计算按式（4）计算：

$$Q_2 = B(c_r t_r - c_{rc} t_c) \cdots\cdots\cdots\cdots\cdots\cdots\cdots\cdots\cdots\cdots\cdots\cdots (4)$$

式中：

Q_2 ——燃料带入的物理热量，单位为千焦每吨（kJ/t）；

t_c ——环境温度，单位为摄氏度（℃）；

t_r ——燃料的平均预热温度，单位为摄氏度（℃）；

c_r，c_{rc} ——燃料在 0 至 t_r 及 t_c 间的平均比热容，单位为千焦每千克摄氏度（kJ/(kg·℃)）或千焦每立方米摄氏度（kJ/(m³·℃)），见式（5）和式（6）。

对于气体燃料：

$$C = (c_{CO}CO^s + c_{CO_2}CO_2^s + c_{H_2}H_2^s + \cdots) \frac{1}{100} \cdots\cdots\cdots\cdots\cdots\cdots (5)$$

对于液体燃料：

$$C = 1.735 + 0.0025t_r \cdots\cdots\cdots\cdots\cdots\cdots\cdots\cdots\cdots\cdots (6)$$

式中：

c_{CO}，c_{CO_2}，c_{H_2}，$\cdots$ ——湿气体燃料中 CO，CO_2，H_2，$\cdots$成分的平均比热容，单位为千焦每立方米摄氏度（kJ/(m³·℃)）。

9.1.3 助燃空气带入的物理热量的计算按式（7）计算：

$$Q_3 = B\alpha L_0^s(c_k t_k - c_{kc} t_c) \cdots\cdots\cdots\cdots\cdots\cdots\cdots\cdots\cdots (7)$$

式中：

Q_3 ——助燃空气带入的物理热量，单位为千焦每吨（kJ/t）；

L_0^s ——理论湿空气量，单位为立方米每立方米（m³/m³）或立方米每千克（m³/kg），见式（10）；

t_k ——空气温度，单位为摄氏度（℃）；

c_k，c_{kc} ——空气在 0 至 t_k 及 t_c 间的平均比热容，单位为千焦每立方米摄氏度（kJ/(m³·℃)）；

α ——空气系数，见式（8）和式（9）。

对于液体燃料：

$$\alpha = \frac{21}{21 - 79\dfrac{O_2^{g'} - 0.5CO^{g'} - 0.5H_2^{g'} - 2CH_4^{g'}}{N_2^{g'}}} \cdots\cdots\cdots\cdots\cdots (8)$$

式中：

$O_2^{g'}$，$CO^{g'}$，$H_2^{g'}$，$CH_4^{g'}$，$N_2^{g'}$ ——干烟气中各成分的体积含量,用百分数表示(%)。

对于气体燃料：

$$\alpha = \cfrac{21}{21 - 79 \cfrac{O_2^{g'} - 0.5CO^{g'} - 0.5H_2^{g'} - 2CH_4^{g'}}{N_2^{g'} - \cfrac{N_2^s(CO_2^{g'} + CO^{g'} + CH_4^{g'} + SO_2^{g'})}{CO_2^s + CO^s + CH_4^s + mC_mH_n^s + H_2S^s}}} \quad\cdots\cdots (9)$$

式中：

$O_2^{g'}$，$CO^{g'}$，$CO_2^{g'}$，$H_2^{g'}$，$SO_2^{g'}$，$CH_4^{g'}$，$N_2^{g'}$ ——干烟气中各成分的体积含量,用百分数表示(%)；

N_2^s，CO_2^s，CO^s，CH_4^s，$C_mH_n^s$，H_2S^s ——燃料的各湿成分的体积含量,用百分数表示(%)。

$$L_0^s = L_0^R(1 + 0.00124g_k) \quad\cdots\cdots\cdots\cdots\cdots\cdots\cdots (10)$$

式中：

g_k ——干空气的含水量,单位为克每立方米(g/m³)；

L_0^R ——理论干空气的含水量,单位为立方米每立方米(m³/m³)或立方米每千克(m³/kg),见式(11)和式(12)。

对于液体燃料：

$$L_0^R = 0.0889C^Y + 0.2667H^Y - 0.0333(O^Y - S^Y) \quad\cdots\cdots\cdots (11)$$

式中：

C^Y，H^Y，O^Y，S^Y ——燃料的各应用基成分含量,用百分数表示(%)。

对于气体燃料：

$$L_0^R = 0.0238(H_2^s + CO^s) + 0.0952CH_4^s +$$

$$0.0476\left(m + \frac{n}{4}\right)C_mH_n^s + 0.0714H_2S^s - 0.0476O_2^s \cdots\cdots (12)$$

式中：

H_2^s，O_2^s ——燃料的各湿成分的体积含量,用百分数表示(%)；

m，n ——无量纲数值。

9.1.4 雾化蒸汽带入的物理热量的计算按式(13)计算：

$$Q_4 = BG_q(h_q - h_c - r) \quad\cdots\cdots\cdots\cdots\cdots\cdots (13)$$

式中：

Q_4 ——雾化蒸汽带入的物理热量,单位为千焦每吨(kJ/t)；

G_q ——单位燃料的雾化蒸汽用量,单位为千克每千克(kg/kg)；

h_q，h_c ——雾化蒸汽在使用及环境条件下的比焓,单位为千焦每千克(kJ/kg)；

r ——蒸汽在使用条件下的汽化潜热,单位为千焦每千克(kJ/kg)。

9.1.5 物料带入的物理热量计算按式(14)计算：

$$Q_5 = 1000(c_p t_p - c_{pc} t_c) \quad\cdots\cdots\cdots\cdots\cdots\cdots (14)$$

式中：

Q_5 ——物料带入的物理热量,单位为千焦每吨(kJ/t)；

c_p，c_{pc} ——物料在 0 至 t_p 及 t_c 间的平均比热容,单位为千焦每千克摄氏度 (kJ/(kg · ℃))；

t_p ——物料入炉温度,单位为摄氏度(℃)。

9.1.6 物料氧化反应热量计算按式(15)计算：

$$Q_6 = 5645160a \quad\cdots\cdots\cdots\cdots\cdots\cdots\cdots (15)$$

式中：

Q_6——物料氧化反应热量，单位为千焦每吨（kJ/t）；

a——物料氧化烧损率，单位为千克每千克（kg/kg）。

9.1.7 收入热量总和 ΣQ 按式（16）计算：

$$\Sigma Q = Q_1 + Q_2 + Q_3 + Q_4 + Q_5 + Q_6 \quad \cdots\cdots\cdots\cdots\cdots\cdots\cdots\cdots（16）$$

式中：

ΣQ——收入热量总和，单位为千焦每吨（kJ/t）。

9.2 热支出项目的计算

9.2.1 出炉物料带出的物理热量计算按式（17）计算：

$$Q_1' = 1000(1-a)(c_p' t_p' - c_{pc}' t_c) \quad \cdots\cdots\cdots\cdots（17）$$

式中：

Q_1'——出炉物料带出的物理热量，单位为千焦每吨（kJ/t）；

c_p', c_{pc}'——物料在 0 至 t_p' 及 t_c 间的平均比热容，单位为千焦每千克摄氏度（kJ/(kg·℃)）；

t_p'——物料出炉温度，单位为摄氏度（℃）。

9.2.2 烟气带出的物理热量计算按式（18）计算：

$$Q_2' = \left[(B-B')\beta V_n^s - \frac{\Sigma V_1}{G_p} \right](c_{y2} t_{y2} - c_{yc} t_c) \quad \cdots\cdots（18）$$

式中：

Q_2'——烟气带出的物理热量，单位为千焦每吨（kJ/t）；

B'——每吨入炉物料的机械不完全燃烧损失热量的燃料当量，单位为千克每吨（kg/t），见式（19）；

β——不完全燃烧时烟气修正系数，见式（20）和式（21）；

V_n^s——完全燃烧时的实际湿烟气量，对液体燃料见式（22）、对气体燃料见式（24），单位为立方米每立方米（m³/m³）或立方米每千克（m³/kg）；

V_1——炉门、孔洞逸气量，单位为立方米每小时（m³/h）（见 9.2.8.1）；

G_p——每小时入炉物料量，单位为吨每小时（t/h）；

c_{y2}, c_{yc}——烟气在 0 至 t_{y2} 及 t_c 间的平均比热容，单位为千焦每立方米摄氏度（kJ/(m³·℃)）；

t_{y2}——烟气出炉或出蓄热室的温度，单位为摄氏度（℃）。

$$B' = \frac{Q_4'}{Q_{DW}^y} \quad \cdots\cdots\cdots\cdots\cdots\cdots\cdots\cdots\cdots\cdots（19）$$

式中：

Q_4'——机械不完全燃烧损失的热量，单位为千焦每吨（kJ/t）（见 9.2.4）。

当 $\alpha \geqslant 1$ 时：

$$\beta = \frac{100}{100 - 0.5CO^{g'} - 0.5H_2^{g'}} \quad \cdots\cdots\cdots\cdots\cdots（20）$$

当 $\alpha < 1$ 时：

$$\beta = \frac{100}{100 + 1.88CO^{g'} + 1.88H_2^{g'} + 9.52CH_4^{g'} - 4.76O_2^{g'}} \quad \cdots\cdots（21）$$

对液体燃料：

$$V_n^s = V_0 + [a(1 + 0.00124g_k) - 1]L_0^g + 1.24G_q \quad \cdots\cdots（22）$$

式中：

V_n^s——实际烟气量，单位为立方米每千克（m³/kg）；

V_0——理论烟气量,单位为立方米每千克(m³/kg),见式(23)。

$$V_0 = 0.0187C^Y + 0.112H^Y + 0.007S^Y + 0.008N^Y + 0.0124W^Y + 0.79L_0^g \quad \cdots\cdots\cdots (23)$$

式中:

W^Y——燃料中水分含量,用百分数表示(%)。

对气体燃料:

$$V_n^s = V_0 + [a(1 + 0.00124g_k) - 1]L_0^g \quad\cdots\cdots\cdots\cdots\cdots\cdots (24)$$

式中:

V_n^s——实际烟气量,单位为立方米每立方米(m³/m³);

V_0——理论烟气量,单位为立方米每立方米(m³/m³),见式(25)。

$$V_0 = 0.01[CO^s + 3CH_4^s + \left(m + \frac{n}{2}\right)C_mH_n^s + CO_2^s +$$

$$H_2^s + 2H_2S^s + N_2^s + H_2O^s] + 0.79L_0^g \quad\cdots\cdots\cdots\cdots (25)$$

烟气平均比热容计算按式(26)计算:

$$c_{y2} = \frac{1}{100}(c_{CO}^s CO^{s\prime} + c_{CO_2}^s CO_2^{s\prime} + \cdots) \quad\cdots\cdots\cdots\cdots\cdots (26)$$

式中:

c_{y2}——烟气平均比热容,单位为千焦每立方米摄氏度(kJ/(m³·℃));

$c_{CO}^s, c_{CO_2}^s, \cdots$——湿烟气中CO,CO₂,…的平均比热容,单位为千焦每立方米摄氏度(kJ/(m³·℃));

$CO^{s\prime}, CO_2^{s\prime}, \cdots$——湿烟气中CO,CO₂,…的含量,用百分数表示(%)。

9.2.3 化学不完全燃烧损失的热量计算按式(27)计算:

$$Q_3' = (B - B')bV_n^s(126CO^{s\prime} + 108H_2^{s\prime} + 358CH_4^{s\prime} + \cdots) \quad\cdots\cdots\cdots (27)$$

式中:

Q_3'——化学不完全燃烧损失的热量,单位为千焦每吨(kJ/t)。

9.2.4 机械不完全燃烧损失的热量计算按式(28)和式(29)计算:

对于液体燃料:

机械不完全燃烧损失为烟气中残碳损失热量按式(28)计算:

$$Q_4' = 32826(B - B')bV_n^s n_c \times 10^{-6} \quad\cdots\cdots\cdots\cdots\cdots (28)$$

式中:

Q_4'——机械不完全燃烧损失的热量,单位为千焦每吨(kJ/t);

n_c——烟气残碳含量,单位为毫克每立方米(mg/m³)。

对于气体燃料:

机械不完全燃烧损失为煤气管道残余损失的热量按式(29)计算:

$$Q_4' = B'Q_{net,v,ar} \quad\cdots\cdots\cdots\cdots\cdots\cdots\cdots\cdots (29)$$

9.2.5 炉子附件的吸热量计算按式(30)计算:

$$Q_5' = G_1(c_1' t_1' - c_1 t_1) \quad\cdots\cdots\cdots\cdots\cdots\cdots\cdots (30)$$

式中:

Q_5'——炉子附件的吸热量,单位为千焦每吨(kJ/t);

G_1——入炉吨物料加热附件(链带等)的重量,单位为千克每吨(kg/t);

t_1', t_1——附件出炉及进炉时温度,单位为摄氏度(℃);

c_1', c_1——附件在 0 至 t_1' 及 t_1 间的平均比热容,单位为千焦每千克摄氏度(kJ/(kg·℃))。

9.2.6 炉体表面散热量计算按式(31)计算:

$$Q_6' = \frac{\Sigma q_i A_i}{G_p} \quad\cdots\cdots\cdots\cdots\cdots\cdots\cdots\cdots\cdots\cdots\cdots\cdots\cdots\cdots\cdots\cdots\cdots\cdots (31)$$

式中：

Q_6' ——炉体表面散热量，单位为千焦每吨(kJ/t)；

A_i ——第 i 部分炉体表面散热面积，单位为平方米(m²)；

q_i ——第 i 部分炉体表面平均面积热流量，单位为千焦每平方米小时 (kJ/(m²·h))，如不能直接测量，可按式(32)计算。

$$q_i = 20.41\varepsilon\left[\left(\frac{273+t_b}{100}\right)^4 - \left(\frac{273+t_c}{100}\right)^4\right] + \alpha_d(t_b - t_c) \cdots\cdots\cdots\cdots\cdots (32)$$

式中：

ε ——炉体表面黑度；

t_b ——第 i 部分炉体表面平均温度，单位为摄氏度(℃)；

α_d ——对流给热系数，单位为千焦每平方米小时 (kJ/(m²·h))，见式(33)、式(34)、式(35)和式(36)。

无风时：

$$\alpha_d = A(t_b - t_c)^{\frac{1}{4}} \quad\cdots\cdots\cdots\cdots\cdots\cdots\cdots\cdots\cdots\cdots\cdots\cdots\cdots\cdots\cdots\cdots\cdots (33)$$

式中：

A ——系数，散热面向上时 A=11.7，向下时 A=6.3，垂直时 A=9.2。

横置圆柱时：

$$\alpha_d = 8.8\left(\frac{t_b - t_c}{d_r}\right)^{\frac{1}{4}} \quad\cdots\cdots\cdots\cdots\cdots\cdots\cdots\cdots\cdots\cdots\cdots\cdots\cdots\cdots (34)$$

式中：

d_r ——圆柱外径，单位为米(m)。

当风速 W_f<5m/s 时：

$$\alpha_d = 22.2 + 15.1 W_f \quad\cdots\cdots\cdots\cdots\cdots\cdots\cdots\cdots\cdots\cdots\cdots\cdots\cdots\cdots (35)$$

当风速 W_f>5m/s 时：

$$\alpha_d = 27.1 W_f^{0.78} \quad\cdots\cdots\cdots\cdots\cdots\cdots\cdots\cdots\cdots\cdots\cdots\cdots\cdots\cdots\cdots (36)$$

9.2.7 炉门及孔洞辐射的热量计算按式(37)计算：

$$Q_7' = 20.41\frac{1}{G_p}\Sigma A_j'\phi\frac{\Delta\tau}{3600}\left[\left(\frac{273+t_i'}{100}\right)^4 - \left(\frac{273+t_c}{100}\right)^4\right] \quad\cdots\cdots\cdots\cdots (37)$$

式中：

Q_7' ——炉门及孔洞辐射的热量，单位为千焦每吨(kJ/t)；

t_i' ——炉门及孔洞处温度，单位为摄氏度(℃)；

A_j' ——炉门、孔开启面积，单位为平方米(m²)；

ϕ ——角度系数；

$\Delta\tau$ ——1h 内开启门、孔时间，单位为秒(s)。

9.2.8 炉门及孔洞逸气损失热量计算按式(38)计算：

$$Q_8' = Q_{ph} + Q_{ch} \quad\cdots\cdots\cdots\cdots\cdots\cdots\cdots\cdots\cdots\cdots\cdots\cdots\cdots\cdots\cdots\cdots (38)$$

式中：

Q_8' ——炉门及孔洞逸气损失热量，单位为千焦每吨(kJ/t)；

Q_{ph} ——逸气带出的物理热量，单位为千焦每吨(kJ/t)；

Q_{ch} ——逸气带出的化学热量，单位为千焦每吨(kJ/t)。

9.2.8.1 逸气物理热量计算按式(39)计算：

$$Q_{ph} = \frac{1}{G_p} \Sigma V_1 (c_y t_y - c_{yc} t_c) \cdots\cdots\cdots\cdots\cdots\cdots (39)$$

式中：

V_1 ——通过炉门、孔洞的逸气量，单位为立方米每小时(m^3/h)，见式(40)和式(44)；

c_y, c_{yc} ——炉门、孔洞处的炉气在 0 至 t_y 及 t_c 间的平均比热容，单位为千焦每立方米摄氏度 ($kJ/(m^3 \cdot ℃)$)。

炉门及垂直孔洞的逸气量

$$V_1 = \left\{ \left[\frac{p_1}{9.8} + (r_c - r_y)H \right]^{\frac{3}{2}} - \left(\frac{p_1}{9.8} \right)^{\frac{3}{2}} \right\} \frac{281\mu\, b\tau\frac{p_c + p_1}{9.8}}{(r_c - r_y)\sqrt{r_y}(273 + t_y)} \cdots\cdots (40)$$

式中：

p_1 ——炉门、孔洞底部的炉气表压，单位为帕斯卡(Pa)；

p_c ——大气压，单位为帕斯卡(Pa)；

H ——炉门、孔洞的平均开启高度，单位为米(m)；

μ ——流量系数，厚墙 $\mu=0.82$，薄墙 $\mu=0.62$(当 $\delta < 3.5\,d$ 时为薄墙，δ 为炉墙的厚度，d 为炉门、孔洞的当量直径)；

b ——炉门、孔洞的平均宽度，单位为米(m)；

τ ——炉门、孔洞 1h 内的开启时间，单位为小时(h)；

r_c ——环境温度下的空气密度，单位为千克每立方米(kg/m^3)，见式(41)。

$$r_c = \frac{1.293}{1 + \frac{t_c}{273}} \times \frac{p_c}{101325} \cdots\cdots\cdots\cdots\cdots\cdots (41)$$

r_y ——炉气温度下炉气密度，单位为千克每立方米(kg/m^3)，见式(42)。

$$r_y = \frac{r_0}{1 + \frac{t_y}{273}} \times \frac{p_1 + p_c}{101325} \cdots\cdots\cdots\cdots\cdots\cdots (42)$$

式中：

$$r_0 = \frac{44CO_2 + 18H_2O + 64SO_2 + 28N_2 + 32O_2 + \cdots}{22.4 \times 100} \cdots\cdots\cdots\cdots (43)$$

式中：

$CO_2, H_2O, SO_2, N_2, O_2, \cdots$ ——炉门、孔洞逸出气体成分，用百分数表示(%)。

水平空洞的逸气量

$$V_1 = \sqrt{\frac{p_1}{9.8 r_y}} \times \frac{421\mu A\, \tau(p_c + p_1)}{9.8 \times (273 + t_y)} \cdots\cdots\cdots\cdots\cdots\cdots (44)$$

式中：

A ——孔洞的逸气面积，单位为平方米(m^2)；

p_1 ——孔洞处的炉气表压，单位为帕斯卡(Pa)；

t_y ——炉门、孔洞处的炉气温度，单位为摄氏度(℃)。

9.2.8.2 逸气化学热量计算按式(45)计算：

$$Q_{ch} = \frac{1}{G_p} \Sigma V_1 (126CO + 108H_2 + 358CH_4 + 589C_m H_n) \cdots\cdots\cdots\cdots (45)$$

式中：

CO，H_2，CH_4，C_mH_n——逸出气体成分，用百分数表示（%）。

9.2.9 冷却水的吸热量计算按式(46)计算：

$$Q'_9 = G_9(c't' - ct) \quad\cdots\cdots\cdots\cdots\cdots\cdots\cdots\cdots\cdots\cdots\cdots\cdots\cdots (46)$$

式中：

Q'_9——冷却水的吸热量，单位为千焦每吨（kJ/t）；

G_9——每吨入炉物料的冷却水用量，单位为千克每吨（kg/t）；

c'，c——冷却水在 t'、t 下的比热容，单位为千焦每千克摄氏度 (kJ/(kg·℃))；

t'，t——冷却水出、入炉温度，单位为摄氏度（℃）。

9.2.10 汽化冷却的吸热量计算按式(47)计算：

$$Q'_{10} = G_w\left(h'_q - c''t'' - \frac{r'w'}{100}\right) \quad\cdots\cdots\cdots\cdots\cdots\cdots\cdots\cdots (47)$$

式中：

Q'_{10}——汽化冷却的吸热量，单位为千焦每吨（kJ/t）；

G_w——入炉每吨物料的产汽量，单位为千克每吨（kg/t）；

c''——给水的比热容，单位为千焦每千克摄氏度 (kJ/(kg·℃))；

t''——给水温度，单位为摄氏度（℃）；

h'_q——蒸汽的比焓，单位为千焦每千克（kJ/kg）；

r'——汽化潜热，单位为千焦每千克（kJ/kg）；

w'——蒸汽湿度，用百分数表示（%）。

9.2.11 氧化铁皮带出的物理热量计算按式(48)计算：

$$Q'_{11} = 1000a(c'_{11}t'_{11} - c_ct_c) \quad\cdots\cdots\cdots\cdots\cdots\cdots\cdots\cdots\cdots\cdots (48)$$

式中：

c'_{11}，c_c——氧化铁皮在 0 至 t'_{11} 及 t_c 温度下的平均比热容，单位为千焦每千克摄氏度 (kJ/(kg·℃))；

t'_{11}——氧化铁皮温度，单位为摄氏度（℃）。

9.2.12 蓄热室表面散热量计算

蓄热室表面散热量 Q'_{12} 计算方法同 9.2.6。

9.2.13 炉膛至蓄热室间的烟道散热量计算

炉膛至蓄热室间的烟道散热量 Q'_{13} 的计算。若蓄热室同炉膛之间有一定距离，此项需要计算，计算方法同 9.2.6。若蓄热室安装在炉墙上，此项不需要计算。

9.2.14 预热空气(或煤气)管道及蒸汽管道散热量计算

预热空气(或煤气)管道及蒸汽管道散热量 Q'_{14} 计算方法同 9.2.6。

9.2.15 其他工质带走的热量计算

其他工质带走的热量 Q'_{15} 包括回收后外供的水蒸气、保护气体、雾化蒸汽、压缩空气等。具体项目和计算方法，可根据炉窑的特点和工艺要求具体计算。

9.2.16 差值

热平衡各项收入热量总和 ΣQ 与已测各项支出热量总和之差即为差值 ΔQ，按式(49)计算：

$$\Delta Q = \Sigma Q - (Q'_1 + Q'_2 + Q'_3 + \cdots + Q'_{15}) \quad\cdots\cdots\cdots\cdots\cdots\cdots (49)$$

差值包括未测出的支出热量及误差。热平衡允许相对误差值为±5%以内，见式(50)。

$$\left|\frac{\Delta Q}{\Sigma Q} \times 100\right| \leqslant 5 \quad\cdots\cdots\cdots\cdots\cdots\cdots\cdots\cdots\cdots\cdots\cdots\cdots\cdots (50)$$

9.2.17 支出热量总和计算按式(51)计算：

$$\Sigma Q' = Q'_1 + Q'_2 + Q'_3 + \cdots + Q'_{15} + \Delta Q \quad\cdots\cdots\cdots\cdots\cdots\cdots\cdots\cdots\cdots\cdots (51)$$

式中：

$\Sigma Q'$——支出热量总和，单位为千焦每吨（kJ/t）。

9.3 循环热量

在循环气体体积可测情况下，可参考式(4)，计算回收并用于加热炉上的(例如预热空气或煤气的)循环热量 Q_{xh1}，Q_{xh2}，…及其总和 ΣQ_{xh}，同时算出其占收入热量总和的百分数。

9.4 热平衡表

将全炉(包括蓄热回收装置)或炉膛热平衡各收、支项热量的计算结果列入表1中。

表1 热平衡表

收 入				支 出			
符号	项 目	热量		符号	项 目	热量	
		10^3 kJ/t	%			10^3 kJ/t	%
Q_1	燃料燃烧的化学热量			Q'_1	出炉物料带出的物理热量		
Q_2	燃料带入的物理热量			Q'_2	烟气带出的物理热量		
Q_3	助燃空气带入的物理热量			Q'_3	化学不完全燃烧损失的热量		
Q_4	雾化蒸汽带入的物理热量			Q'_4	机械不完全燃烧损失的热量		
Q_5	物料带入的物理热量			Q'_5	炉子附件的吸热量		
Q_6	物料氧化反应热量			Q'_6	炉体表面散热量		
				Q'_7	炉门、孔洞辐射热量		
				Q'_8	炉门、孔洞逸气损失热量		
				Q'_9	冷却水的吸热量		
				Q'_{10}	汽化冷却的吸热量		
				Q'_{11}	氧化铁皮带出的物理热量		
				Q'_{12}	蓄热室表面散热量		
				Q'_{13}	炉膛至蓄热室间烟道散热量		
				Q'_{14}	预热空气(或煤气)管道及蒸汽管道散热量		
				Q'_{15}	其他工质带走的热量		
				ΔQ	差 值		
ΣQ	合 计		100	$\Sigma Q'$	合 计		100

注1：百分率精确到小数点后一位；

注2：热量值取4位有效数字。

9.5 热效率

全炉热效率计算按式(52)计算：

$$\eta_1 = \frac{Q'_1 - Q_5}{Q_1} \times 100\% \quad\cdots\cdots\cdots\cdots\cdots\cdots\cdots\cdots\cdots (52)$$

式中：

η_1——全炉热效率，用百分数表示（%）。

炉膛热效率计算按式(53)计算：

$$\eta_2 = \frac{Q'_1 - Q_5}{\Sigma Q - Q_5} \times 100\% \qquad\qquad (53)$$

式中：

η_2 ——炉膛热效率，用百分数表示(%)。

9.6 主要技术经济指标

按表2计算和填写。

表 2　主要技术经济指标

序　号	指　标	符号或算式	单　位	数　值
1	小时产量	G_p	t/h	
2	炉底强度	$1000\dfrac{G_p}{F}$	kg/(m² · h)	
3	供热强度	$10^{-6}Q_1 G_p$	10^6 kJ/h	
4	单位热耗	$10^{-6}Q_1$	10^6 kJ/t	

10　热平衡测试报告主要内容

　　a)　前言；

　　b)　主要设备概况及生产状况；

　　c)　主要测定数据；

　　d)　物料平衡表；

　　e)　热平衡表；

　　f)　主要技术经济指标；

　　g)　分析及改进意见；

　　h)　测定单位、负责人、报告执笔人、审核人(签字)。

附 录 A

（资料性附录）
设备及窑炉概况

表 A.1 设备及窑炉概况表

厂（车间）名			
加热炉炉型			
炉子设计单位			
炉子施工单位			
加热炉编号			
项 目		单 位	数值或内容
轧机概况			
型 号			
作业率			
设计年产量			
实际年产量			
主要产品规格			
加热炉概况			
座 数			
每座年加热量	设计		
	额定		
	实际		
每座小时加热量	设计		
	额定		
	实际		
炉底有效尺寸(有效炉长×炉内宽) 各部位所用耐火材料种类			
燃 料	平均发热量		
	种类		
	燃烧器前温度		
	燃烧器前压力		
	平均小时用量		
燃烧装置	形式		
	尺寸		
	额定能力		
	个数		
	供热点装置		
	供热比例		

表 A.1(续)

物　料	材质 尺寸 单重 加热温度 炉底强度				
炉底管	装料排数				
	冷却方式				
	小时耗水量或产汽量				
	纵横水管	根数			
		直径			
	管底比 包扎施工方法 包扎部位及面积 寿命(包扎使用寿命) 节能效果(包扎前、后对比)				
蓄热室	类型 蓄热介质 蓄热面积 蓄热温度 使用寿命				
余热锅炉	类型 座数 每座小时产汽量 产汽利用效率 进水温度 蒸汽压力 蒸汽温度 蒸汽湿度				
鼓风机	型号 台数 压力 风量				
引风机	型号 台数 吸力 引风量				
炉　体	绝热情况 密封情况(炉门数)				
推钢机	台数 能力 出料方式				

表 A.1(续)

	型式		
步进机构	升降步进行程 水平步进行程 步进周期		
烟 囱	配置 高度 上、下部内径		
热工仪表测试时记录	温度 压力 流量		
修炉情况	大修年限 年修炉次数		
热量单耗	额定 上年平均 最低年平均		

附 录 B

（资料性附录）

炉子工作月报

表 B.1 炉子工作月报表

序 号	项 目	单 位	数值或内容
1	加热时间		
2	升温时间		
3	保温时间		
4	停炉时间		
5	月加热物料量		
6	平均小时加热物料量		
7	主要加热钢种规格		
8	加热物料月平均单重		
9	使用燃料种类及低发热量		
10	月耗燃料量		
11	平均单位热耗		
12	炉子交替作业情况		
13	炉子是否正常生产		

附 录 C

（规范性附录）

主要测试内容

厂（车间）名：

加热炉编号：

测试日期及起止时间：

表 C.1 主要测试内容

序 号	项 目		单 位	数值或内容
1	气象状况	大气压力 车间平均气温 相对湿度 风速		
2	燃 料	均热段用量 上加热段用量 下加热段用量 压力 温度 成分 低发热量		
3	空 气	均热段用量 上加热段用量 下加热段用量 压力 蓄热后温度		
4	雾化剂	种类 温度 压力 均热段用量 上加热段用量 下加热段用量		
5	物 料	出钢量 尺寸（长×宽×高） 每块（根）重量 入炉温度 出炉温度		
6	氧化铁皮	重量 温度		

表 C.1(续)

序 号	项 目		单 位	数值或内容
7	烟 气	出炉温度 进蓄热室温度 出蓄热室温度 出炉成分 进蓄热室成分 出蓄热室成分 含碳量		
8	炉体各部	散热面积 表面温度 表面热流		
9	开启炉门孔	时间 高×宽×厚 静压 温度 炉气成分		
10	冷却水	耗水量 入炉温度 出炉温度 压力		
11	汽化冷却	蒸发量(或用水量) 蒸汽压力(表压) 蒸汽温度 蒸汽湿度 进水温度		
12	附 件	重量 入炉温度 出炉温度		
13	各段炉气成分	均热段 上加热段 下加热段 蓄热室		
14	沿炉长方向温度及 压力分布	与炉尾(进料口)距离 炉温 炉压		

附　录　D

（资料性附录）

本规定的几点说明

D.1　高压蒸汽雾化油喷嘴雾化剂用量的规定

　　这部分蒸汽现场一般不做计量。由于用量较小，用流量孔板的方法不易测出，所以，本标准中规定可以采用统计的办法估算。

D.2　空气、烟气量的测试

　　对液体燃料的元素分析比较复杂，若现场无法操作，在燃料成分变化不大时，可由已知燃料的收到基低（位）发热量采用下列经验式，求出理论空气量（式 D.1）和理论烟气量（式 D.2），然后算出实际空气量和实际烟气量。

$$L_0^g = \frac{0.203Q_{net,v,ar}}{1000} + 2 \quad\cdots\cdots\cdots\cdots\cdots\cdots\cdots\cdots\cdots\cdots \text{(D.1)}$$

　　式中：

　　L_0^g——液体燃料的理论空气量，单位为立方米每千克（m^3/kg）。

$$V_0 = \frac{0.265Q_{net,v,ar}}{1000} \quad\cdots\cdots\cdots\cdots\cdots\cdots\cdots\cdots\cdots\cdots\cdots \text{(D.2)}$$

　　式中：

　　V_0——液体燃料的理论烟气量，单位为立方米每千克（m^3/kg）。

D.3　烟气中含碳浓度的测试

　　采用气体燃料时，因烟气中含碳浓度较小，所以可不做测试；采用液体燃料时，视具体情况定，如烟囱冒黑烟，应测试，否则可不测试。

附　录　E
（规范性附录）
烧损率的测定（重量比表面积相似法）

E.1　操作方法

加工一定数量的与加热物料同钢种的试样，几何形状便于测量及确定其外表面积为宜（立方体），重量在 1kg 左右。另加工与试样数量相同的盛放试样的托盘；试样外表面及托盘上的表面粗糙度均在12.5 以上，确保试验中与托盘上表面接触的试样外表面部分在炉内加热过程中不被烧损。

根据加热炉的热工工作特点，试验选取正常轧制与保温待轧两种典型工况。

E.1.1　正常轧制工况

在正常轧制工况的测试期内，每隔 1h 即在炉尾入炉钢坯上部放一试样；试样在入炉前称重（秤精度在十分之一以上），试样与钢坯在炉内同步行进，待出坯时从出钢口取出，记录每一块试样在炉内的停留时间。试样出炉后立即强制冷却，将其表面的氧化铁皮清除干净后上天平称重。

E.1.2　保温待轧工况

由于上下游工序等原因，加热炉经常会处于保温待轧状况。在进行保温待轧期间的加热炉钢坯烧损率测试试验时，可将试样在保温开始时直接放入均热段，至保温结束时再取出。试样在加热前后的称重方法与在正常轧制工况下进行的试验相同。

所测得的结果可作为在均热段和加热段停留的全部钢坯的最大烧损率。

E.2　计算方法

E.2.1　烧损率计算

$$a = \frac{m_1 - m_2}{m_1} \times 100\% \quad\cdots\cdots\cdots\cdots\cdots\cdots\cdots\cdots\cdots\cdots\cdots\cdots\cdots\cdots\cdots\cdots (E.1)$$

式中：

a——烧损率，用百分数表示（%）；

m_1——钢坯或试样入炉前的重量，单位为千克（kg）；

m_2——钢坯或试样出炉并除去氧化铁皮后的重量，单位为千克（kg）。

E.2.2　重量比表面积 S

$$S = \frac{A}{m_1} \quad\cdots\cdots\cdots\cdots\cdots\cdots\cdots\cdots\cdots\cdots\cdots\cdots\cdots\cdots\cdots\cdots\cdots\cdots (E.2)$$

式中：

S——重量比表面积，单位为平方毫米每克（mm²/g）；

A——钢坯或试样受热表面积，单位为平方毫米（mm²）。

E.2.3　单位受热面上的烧损量

$$m = \frac{m_1 - m_2}{A} = \frac{am_1}{A} = \frac{a}{S} \quad\cdots\cdots\cdots\cdots\cdots\cdots\cdots\cdots\cdots\cdots\cdots\cdots\cdots (E.3)$$

式中：

m——单位受热面上的烧损量，单位为克每平方毫米（g/mm²）。

E.2.4　钢坯烧损率与试样烧损率的关系

在试验条件下，认为钢坯单位受热面上的烧损量与试样单位受热面上的烧损量相等，即

$$m_p = m_s \quad\cdots\cdots\cdots\cdots\cdots\cdots\cdots\cdots\cdots\cdots\cdots\cdots\cdots\cdots\cdots\cdots\cdots\cdots\cdots (E.4)$$

或 $$\frac{a_{\mathrm{p}}}{S_{\mathrm{p}}} = \frac{a_{\mathrm{s}}}{S_{\mathrm{s}}} \quad\cdots\cdots\cdots\cdots\cdots\cdots\cdots\cdots\cdots\cdots\cdots\cdots\cdots\cdots\cdots\cdots\cdots\quad (\mathrm{E.\,5})$$

所以 $$a_{\mathrm{p}} = \frac{a_{\mathrm{s}}}{S_{\mathrm{s}}}S_{\mathrm{p}} \quad\cdots\cdots\cdots\cdots\cdots\cdots\cdots\cdots\cdots\cdots\cdots\cdots\cdots\cdots\cdots\cdots\cdots\cdots\quad (\mathrm{E.\,6})$$

式中：

a_{p}——钢坯烧损率，用百分数表示(%)；

a_{s}——试样烧损率，用百分数表示(%)；

S_{s}——试样受热面表面积，单位为平方米(m^2)；

S_{p}——钢坯受热面表面积，单位为平方米(m^2)。

ICS 77-010
H 04

中华人民共和国黑色冶金行业标准

YB/T 4314—2012

矿热炉余热发电技术规范

Technical specification for submerged arc furnace flue
gas waste heat power generation

2012-12-28 发布   2013-06-01 实施

中华人民共和国工业和信息化部   发 布

目　次

前　言

本规范由中国钢铁工业协会提出。

本规范由全国钢标准化技术委员会(SAC/TC83)归口。

本规范起草单位:青海物通(集团)实业有限公司、青海大学、冶金工业信息标准研究院、包钢(集团)公司。

本规范主要起草人:王启明、张国为、权炳盛、王西来、仇金辉、闫青林、高建平、巩建国、徐继生、马彦珍。

本规范为首次发布。

矿热炉余热发电技术规范

1 总则

1.1 为充分利用矿热炉烟气余热,提高能源利用效率,在余热发电装置设计、制造、安装、运行、维护中做到安全可靠、技术先进、降低能耗、节约投资,特制定本规范。

1.2 本规范适用于新建、改建、扩建半封闭矿热炉烟气余热发电的工程设计、设备制造、安装、运行。

1.3 矿热炉烟气余热发电工程环境保护和职业安全卫生,应执行国家现行有关标准和法律、法规的规定。

1.4 矿热炉烟气余热发电工程设计、设备制造、安装、运行,除应符合本规范外,还应符合国家现行有关规范与标准的规定。

2 规范性引用文件

下列文件对于本文件的应用是必不可少的。凡是注日期的引用文件,仅所注日期的版本适用于本文件。凡是不注日期的引用文件,其最新版本(包括所有的修改单)适用于本文件。

GB 10863—1989　烟道式余热锅炉热工试验方法

GB 50016　建筑设计防火规范

GB 50049　小型火力发电厂设计规范

GB 50050　工业循环冷却水处理设计规范

GB 50187　工业企业总平面设计规范

JB/T 5341　烟道式余热锅炉技术条件

JB/T 9560　烟道式余热锅炉产品型号编制方法

JB/T 9621　工业锅炉炉门型号编制方法及结构要素尺寸

3 术语和定义

下列术语和定义适用于本文件。

3.1

余热利用　waste heat recovery

以环境温度为基准,对矿热炉生产过程排出烟气中可回收热能的利用。

3.2

余热发电　waste heat power generation

仅利用工业生产过程中排放的余热进行发电,也称纯余热发电。

3.3

热电联供　cogeneration

余热发电在生产电能的同时,还可生产热水或蒸汽供热。

3.4

半封闭矿热炉　semi-closed submerged arc furnace

在集烟罩侧面设置若干个可调节开闭度的炉门,控制空气进入量的矿热炉。

3.5

保温管道　pipe insulation

采取保温措施的管道,包括烟气保温管道和蒸汽保温管道。

3.6

烟气余热锅炉换热器 **smoke waste heat boiler heat exchanger**

利用矿热炉冶炼过程排出烟气的显热生产热水、蒸汽等工质的换热装置。

3.7

清灰装置 **cleaning device**

为保证正常热交换,保持锅炉受热面清洁的清理装置。

3.8

凝汽式汽轮机 **condensing steam turbine**

蒸汽在汽轮机本体中膨胀做功后排入凝汽器的汽轮机。

3.9

烟气余热发电率 **waste heat generation rate**

铁合金或工业硅、电石等生产过程中用于发电的烟气显热量转化为电量与矿热炉输入功率的比率。

3.10

余热发电系统自用电率 **cogeneration system power consumption rate**

烟气余热发电系统正常运转时,本身消耗的电量与系统发电量的比率。

3.11

余热发电系统运转率 **cogeneration system operation rate**

烟气余热发电系统正常运转时间相对于矿热炉正常运转时间的比率。

4 原理与流程

4.1 工作原理

利用矿热炉烟气余热回收装置(余热锅炉),对烟气余热进行热交换后,产生一定温度及压力范围的过热蒸汽,驱动汽轮机工作,通过发电机发电并校正后并入电网。

4.2 工艺流程

4.2.1 矿热炉烟气能量转换流程

4.2.2 正压除尘烟气流程

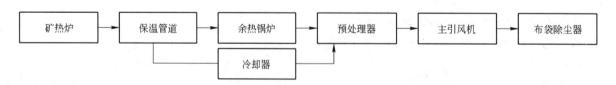

4.2.3 负压除尘烟气流程

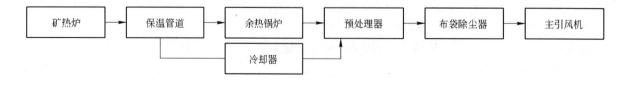

4.2.4 冷却系统流程

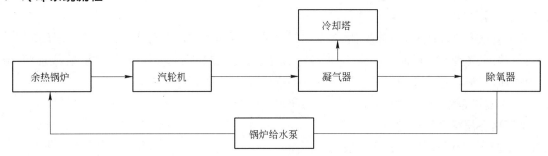

5 一般规定

5.1 余热发电工程技术的应用原则

5.1.1 余热发电工程技术的应用不应影响半封闭矿热炉生产的正常运行。

5.1.2 余热发电工程的应用不应增加铁合金产品综合能耗和降低产品产量。

5.1.3 余热发电工程的应用宜在半封闭矿热炉生产线达产并稳定运行后,对运行工况进行热工标定或调查后实施。

5.1.4 当烟气余热发电系统与新建矿热炉同步建设时,相关参数按设计烟气参数及已投产、条件相近的矿热炉烟气余热发电系统参数确定。

5.1.5 原有半封闭矿热炉增加余热发电系统时,应对生产线中的相关设备能力进行核算。

5.1.6 余热发电建筑布置应与企业总体规划相适应。

5.2 新建、扩建矿热炉烟气余热发电运行指标:烟气余热发电率,余热发电系统自用电率小于等于8%,余热发电系统运转率大于等于95%。

5.3 余热发电系统控制应采用集控系统,完成各工艺参数的采集、监视、控制及保护功能。

5.4 烟气管道调节阀门的调控应与矿热炉的操作工况相适应。

5.5 设计中应选用安全可靠、技术先进、经济实用及节能环保的设备,严禁选用已被淘汰产品和劣质产品。

6 系统技术要求

6.1 余热资源的确定

6.1.1 已建成投产的矿热炉增设余热发电系统时应按 GB 10863—1989 有关规定进行烟气余热评估,确定合理的烟气余热资源量。

6.1.2 余热锅炉的保热系数应大于96%,在满足系统工艺及除尘系统要求前提下,应尽可能降低余热锅炉排烟温度。

6.1.3 烟气余热利用的温度取值应满足铁合金或工业硅、电石等产品冶炼及环保的要求。

6.2 热力系统及装机方案

6.2.1 余热锅炉的参数依据烟气余热参数确定,依次确定蒸汽参数、汽轮机参数、发电机参数等,最终确定烟气余热发电量参数。

6.2.2 当利用两台及以上矿热炉的余热时,矿热炉的余热锅炉宜一对一配置。

6.2.3 以经济运行为目的,发电机组可选用1台机组或多台机组,原则宜选用容量大、热效率高的机组。

6.3 构筑物与管线布置要求

6.3.1 为减少烟气温度损失,矿热炉烟罩出口至余热锅炉烟气进口处管道应采取保温措施,烟气管道表面温升应不大于 50K。

6.3.2 当地下管线布置在路面范围以内时,管线应经技术经济比较确定直埋或设沟敷设。

6.3.3 架空管线的布置

6.3.3.1 尽可能利用矿热炉的建筑物(或构筑物)。

6.3.3.2 不应妨碍交通、检修及建筑物自然采光和自然通风,应做到整齐美观。

6.3.3.3 架空管线宜与地下管线重叠布置。

6.3.4 地下管线水平净距,地下管线、架空管线与建筑物(或构筑物)之间的水平净距,地下管线之间或地下管线与铁路、道路交叉的垂直净距,应根据工程地质、构架基础形式、检查井结构、管线埋深、管道直径和管内介质等确定,且最小净距均宜符合现行国家标准的有关规定。

6.3.5 改、扩建工程中的管线综合布置,不宜妨碍现有管线的正常使用。

6.3.6 **主厂房各层标高的确定**

6.3.6.1 主控制室宜与汽轮机房运转层同一层面。

6.3.6.2 除氧器水箱水位标高应保证锅炉给水泵进口在各种运行工况下的最小气蚀余量。

6.3.7 主厂房的柱距和跨度应根据汽轮机容量、形式和布置方式,结合建设(包括扩建)规划容量确定,并应满足建筑设计统一模数的要求。

6.3.8 冷却塔或喷水池,不宜布置在室外配电装置、主厂房及主干道冬季主导风向的上风侧。

6.3.9 热力管道可与半封闭矿热炉工艺管道敷设在同一管廊、管架上;当管线综合布置发生矛盾时,应按 GB 50187 的有关规定处理。

6.3.10 各建筑物(或构筑物)之间的防火间距应符合 GB 50016 要求。

7 余热锅炉及系统

7.1 一般规定

7.1.1 余热锅炉的蒸汽参数应经过优化后确定。

7.1.2 余热锅炉与矿热炉烟尘管道系统连接时必须设置旁通管道。

7.1.3 余热发电系统的设计应保证任何一台余热锅炉能从发电系统中迅速解列。

7.1.4 余热锅炉应布置在烟气热源附近。

7.1.5 余热锅炉的进口、出口烟风道及旁通管道上应设置可靠的控制阀门。

7.1.6 余热锅炉厂房的布置方式应根据当地的室外气象条件确定,并符合下列规定:非寒冷地区应采用露天布置;一般寒冷地区可采用露天布置,应对导压管、排污管等易冻损的部位采取伴热措施;严寒地区的余热锅炉不宜采用露天布置。

7.2 余热锅炉设备

7.2.1 余热锅炉系统主要由省煤器、蒸发器、过热器、汽包、清灰装置、阀门系统、监控系统等构成。

7.2.2 按换热管排列方式分为立式和卧式。

7.2.3 余热锅炉针对不同冶炼产品的粉尘特性,应采取防磨措施及设置相应的清灰装置。

7.2.4 余热锅炉收集的粉尘应统一回收、处置。

7.2.5 余热锅炉漏风系数不应大于 2%。

7.2.6 余热锅炉产品型号编制按 JB/T 9560 有关规定执行。

7.2.7 余热锅炉技术条件按 JB/T 5341 有关规定执行。

7.2.8 余热锅炉检查孔设置按 JB/T 9621 有关规定执行。

7.3 余热锅炉与矿热炉的连接

7.3.1 余热锅炉进口、出口烟气管道应简捷顺畅、附件少、气封性高和具有较好的空气动力特性,安装耐高温、耐磨损、启闭灵活并具有远控功能的隔断阀,设置保证安全的操作及检修平台,并应符合下列规定:

7.3.1.1 余热锅炉前高温烟气管道风速不宜小于 18m/s。

7.3.1.2 当高温烟气管道风速小于 18m/s 时,应设置防积灰装置。

7.3.1.3 管道应设热膨胀补偿。

7.3.1.4 与设备连接的管道设计应满足设备对振动、推力、荷载等要求。

7.3.1.5 管道支架设置应稳妥可靠。

7.3.2 余热锅炉应设置粉尘分离装置,卸灰系统宜采用双层卸灰阀,保证卸灰过程中余热锅炉本体的严密性。

8 汽轮机设备及系统

8.1 一般规定

8.1.1 在保证矿热炉正常生产、提高热力系统整体循环热效率的前提下,根据余热资源综合参数确定余热发电机组容量。

8.1.2 余热发电宜采用凝汽式机组,当有稳定热用户时,宜采用抽背或背压机组等型式。

8.1.3 余热发电机组可在30%～110%负荷率的范围内运行,并宜在经济负荷上连续运行。

8.1.4 当有2台或2台以上汽轮机组时,主蒸汽管道宜采用切换母管制系统。

8.1.5 由多台余热锅炉构成且距离较长的蒸汽母管制系统,应设计管径较大、数量较多的自动及旁路疏水系统,以满足并炉及系统的安全性需求。

8.2 给水系统及给水泵

8.2.1 给水管道应采用母管制系统。

8.2.2 余热锅炉给水系统应设置1台备用给水泵。

8.2.3 锅炉给水泵的总容量应保证在任何1台给水泵停用时,其余给水泵的总出力,仍能满足全部锅炉额定蒸发量的110%。

8.2.4 给水泵的扬程应按满足系统最大给水压力要求进行计算。

8.3 除氧器及给水箱

8.3.1 除氧器的总出力应按全部锅炉最大给水量确定。

8.3.2 每台机组宜对应设置一台除氧器;多台相同参数的除氧器可采用母管制系统。

8.3.3 给水箱的总容量

8.3.3.1 对于6MW及以下机组,水箱容量宜为20min～30min的锅炉最大给水消耗量。

8.3.3.2 对于6MW以上机组,水箱容量宜为10min～15min的锅炉最大给水消耗量。

8.3.4 采用热力除氧时,除氧器及水箱应设置安全阀及排汽管道。

8.4 凝结水系统及凝结水泵

8.4.1 凝汽式机组的凝结水泵的台数、容量。

8.4.1.1 每台凝汽式机组宜设置2台凝结水泵,每台流量宜为最大凝结水量的110%。

8.4.1.2 最大凝结水量宜为下列各项之和:
   a) 汽轮机最大进汽工况时的凝汽量;
   b) 进入凝汽器的经常补水量和经常疏水量;
   c) 进入热井的其他水量。

8.4.2 凝结水泵的扬程应按满足凝结水系统最大给水压力要求进行计算。

8.5 凝汽器

8.5.1 当循环水有腐蚀性时,凝汽器的水室、管板、管束应采用耐腐蚀的材质。

8.5.2 缺水地区可选用空冷式凝汽器。

9 供水与水处理系统

9.1 一般规定

9.1.1 余热发电的供水设计应与矿热炉供水统一规划。

9.1.2 技改工程的余热发电水源宜在矿热炉水源的基础上扩容。当需要另辟水源时,应符合现行国家标准的有关规定。

9.1.3 在条件允许的情况下,尽可能利用原有工业冷却水系统。

9.2 原水预处理及循环冷却水处理

应符合 GB 50050 有关规定。

10 其他系统要求

电气设备及系统、热工自动化、采暖通风与空气调节、建筑结构、辅助及附属设施等系统设计应符合 GB 50049 的相关规定。

11 操作与维护

11.1 针对半封闭矿热炉余热发电系统,应制定相应的操作规程,并严格执行。

11.2 余热锅炉的启停指令应与旁路阀门的切换指令联锁。

11.3 余热锅炉、汽轮发电系统的管道阀门布置应方便检查和操作,凡需经常操作维护的阀门而人员难以到达的场所,宜设置平台、楼梯,或设置传动机构引至楼面或地面进行操作。

11.4 汽轮机房内起重机设置原则

11.4.1 双层布置的汽轮机房内应设置检修用电动桥式起重机或手动单梁桥式或其他形式的起重设备。

11.4.2 起重机的轨顶标高应结合规划建设机组确定,并应满足起吊物件最大起吊高度的要求。

11.4.3 起重机的起重量应按检修起吊最重件确定,同时应结合规划建设机组确定。

11.5 利用汽轮机房桥式起重机起吊受限的设备顶部应设置必要的检修吊钩。

11.6 汽轮机房的运转层,应留有利用桥式起重机抽出发电机转子所需要的场地和空间。汽轮机房的底层,应留有抽、装、清洗凝汽器冷却管的场地和空间。

11.7 汽轮机房底层的安装检修场地面积应能满足检修吊装大件和翻缸的要求。

11.8 汽轮发电系统厂房内通道和楼梯的设置

11.8.1 汽轮机房底层平面和运转层平面,汽轮机两侧应设有贯穿直通的纵向通道,其宽度不应小于1.0m。当兼作疏散通道时,纵向通道最小净宽不得小于 1.4m。

11.8.2 双层布置并设有中间层的汽轮机运转层至底层平面应设上下联系楼梯。

11.9 主厂房内的地下沟道、地坑、电缆沟道应设有防水、排水设施。

11.10 汽轮机房外应设有一个事故油箱(或事故油池)。

11.11 汽轮机应设有高位油箱,满足电动油泵断电时,确保轴承足够的润滑时间。

11.12 余热发电应不影响正常生产。

12 测试与验收

12.1 烟气余热发电技术节能改造项目在调试前,相关的管道、设备、材料及电气自控仪表应按国家现行相关的法律、法规和强制性的标准与规范的规定进行单体验收。

12.2 烟气余热发电技术节能改造项目在单体设备验收后,应进行系统静态试车与调试,检查各系统与相关设备是否正常工作,在静态试车后进行试生产,检查各系统参数是否达到工艺要求。

12.3 烟气余热发电技术的热平衡测试按 GB 10863 的有关规定进行。

冶金工业出版社部分图书推荐

书　名	作　者	定价(元)
现行冶金固废综合利用标准汇编	冶金工业信息标准研究院　编	150.00
现行钢板、钢带行业标准汇编	冶金工业信息标准研究院　编	190.00
现行钢管　铸铁管行业标准汇编	冶金工业信息标准研究院　编	150.00
现行钢坯　型钢　铁道用钢行业标准汇编	冶金工业信息标准研究院　编	180.00
现行焦化产品及理化方法行业标准汇编	冶金工业信息标准研究院　编	110.00
现行炭素产品及理化方法行业标准汇编	冶金工业信息标准研究院　编	120.00
矿产资源开发地下采选一体化	邵安林　著	110.00
蓄热式高温空气燃烧技术	罗国民　编著	35.00
2012年度钢铁信息论文集	中国钢铁工业协会信息统计部　等编	65.00
中国钢铁之最(2012)	中国钢铁工业协会《钢铁信息》编辑部　编	36.00
竖炉球团技能300问	张天启　编著	52.00
烧结技能知识500问	张天启　编著	55.00
煤气安全知识300问	张天启　编著	25.00
非煤矿山基本建设管理程序	连民杰　著	69.00
煤炭资源价格形成机制的政策体系研究	张华明　等著	29.00
冶金物化原理(高职高专)	郑溪娟　编	33.00
露天矿深部开采运输系统实践与研究	邵安林　著	25.00
基于习惯形成的中国居民消费行为研究	闫新华　著	20.00
稀土金属材料	唐定骧　等主编	140.00
稀土报告文集	马鹏起　著	180.00
鞍钢矿业铁矿资源发展战略的实践与思考	邵安林　著	78.00
钢铁企业电力设计手册(上册)	本书编委会　编	185.00
钢铁企业电力设计手册(下册)	本书编委会　编	190.00
钢铁工业自动化·轧钢卷	薛兴昌　等编著	149.00
冷热轧板带轧机的模型与控制	孙一康　编著	59.00
现代热连轧自动厚度控制系统	彭燕华　等主编	65.00
物理污染控制工程(本科教材)	杜翠凤　等编著	30.00